THE TEN EQUATIONS
THAT RULE THE WORLD
And How You Can
Use Them Too

# 玩转世界的
# 十大公式

［瑞典］戴维·森普特———————— 著
〈David Sumpter〉

江天舒————————— 译

中信出版集团 | 北京

图书在版编目（CIP）数据

玩转世界的十大公式 /（瑞典）戴维·森普特著；
江天舒译 . —北京：中信出版社，2023.3
书名原文：The Ten Equations That Rule the
World: And How You Can Use Them Too
ISBN 978–7–5217–5283–0

I. ①玩… II. ①戴… ②江… III. ①数学－普及读
物 IV. ① O1–49

中国国家版本馆 CIP 数据核字（2023）第 019584 号

玩转世界的十大公式
著者： ［瑞典］戴维·森普特
译者： 江天舒
出版发行：中信出版集团股份有限公司
（北京市朝阳区东三环北路 27 号嘉铭中心 邮编 100020）
承印者： 宝蕾元仁浩（天津）印刷有限公司

开本：880mm×1230mm 1/32 印张：10 字数：222 千字
版次：2023 年 3 月第 1 版 印次：2023 年 3 月第 1 次印刷
京权图字：01–2022–7011 书号：ISBN 978–7–5217–5283–0
定价：69.00 元

# 目录

这世上有一夜暴富的秘诀吗？有通往幸福的恒定法则吗？有能让自己受欢迎的灵丹妙药吗？或者有能变得自信的捷径吗？

如果你恰巧在书店闲逛并且翻开这本书，或者你在网上书店正好点了本书的"试读"按钮，那么你就会意识到，这本书的主题和那些励志书一样，旨在为你提供走向成功的秘诀。

近藤麻理惠告诉你如何收纳整理，谢丽尔·桑德伯格告诉你要向前一步，乔丹·彼得森告诉你要挺直身板，布琳·布朗则告诉你要无所畏惧。时常会有人劝你要冷静下来，不要做蠢事，不要做一个可怜的失败者，充分利用自己的每一分钟。你应该坚持早起、把床铺好、把过道清理干净、谨慎行事、多学知识、整理思绪、善始善终、磨砺意志、"在快乐中解决问题"、"像男人一样思考，像女人一样行动"。人们用公式来衡量真爱，用科学获得暴富，并规划出成功的秘诀，有 5 种、8 种甚至 12 种方法能让你变得自信，甚至有人提出了一个奇迹方程，"让不可能的事情发生"。

然而，所有这些建议都会带来一个悖论。如果一些简单的公式就可以让我们轻而易举地得到想要的一切，那为什么这些告诉我们该如何生活的书或杂志经常给出一些互相矛盾的建议呢？为什么那些鼓舞人心的电视节目或者TED演讲都会配上励志的旁白呢？为什么不简单地介绍一下公式，举出一些例子说明这些公式是如何起作用的？这样问题就被彻底地解决了，励志书籍带来的整个产业就没有存在的必要了。如果通往成功的道路是可以用数学来解释、可以用公理来概括的，那为什么不直接把答案给我们就好了？

有越来越多的人试图提供帮我们摆脱人生困境的建议，但我们也越来越难以相信几个公式就足以让我们走向成功。或许，根本没有简单的方法可以一劳永逸地解决生活中出现的问题。

但也有另外一种可能性，这种可能性正是本书要努力探讨的。我将给你讲个故事，这个故事的主角是一群解密码的天才。他们发现只需要掌握几个公式——准确地说是 10 个——就可以为他们带来成功、名声、财富、自信和良好的判断力。只有他们掌握了这些秘密，其他人都还在摸索答案。

这个秘密组织已经在我们身边存在几个世纪之久了，组织成员已经将他们的知识传承了好几代。他们在公共服务、金融界、学术界以及科技公司内部都有一定的影响力。他们生活在我们之中，默默地为我们提供有用的建议，有时甚至会控制我们的思想。他们富有、快乐且自信，掌握着其他人渴求的秘密。

在丹·布朗的小说《达·芬奇密码》中，密码学家索菲·奈芙在调查其祖父被谋杀的案件时发现了一个数学密码。她为了解开这个密码找到了罗伯特·兰登教授，兰登教授告诉她，她的祖父是秘密组织郇山隐修会的首脑，该组织认为黄金分割比 $\phi$（约等于1.618）这个数字可以解释世间万物。

《达·芬奇密码》的故事是虚构的，但是我在本书中介绍的秘密组织和布朗在书中描述的很相似。他们的秘密用只有极少数人能完全理解的语言写就，成员之间用晦涩的符文互相交流。它根植于基督教，其内部也一直存在道德方面的论战，但我们很快就会发现，它与郇山隐修会在很多方面有所不同。它不举行任何仪式，这使得该组织更难以被察觉。而且它的活动传播得更广泛，组织之外的人往往无法辨别。

那我又是怎么知道的呢？答案很简单，我是该组织的成员。我加入其中已有20多年了，并且越来越接近它的核心圈子。我仔细研究过该组织的运作机制，并将其公式付诸实践。我亲身感受过它隐藏的秘密可以带来多大的成功。我在世界一流的大学工作，并在我33岁生日的前一天被聘任为应用数学专业的教授。我解决了生态学、生物学、政治学、社会学等领域的科学问题。我一直担任政府、金融机构、人工智能公司、体育博彩领域的顾问。我很高兴能够取得这样的成功，但我更高兴的是我所学到的秘密重新塑造了我的思考方式。这些公式使我成为一个更优秀的人：我的眼界变得更加均衡，并且能够更好地理解他人的行为。

身处该组织之中，我可以接触到很多像我一样的人。比如马里乌斯和扬，他们是亚洲博彩市场上的新星。比如马克，他所从事的微秒计算可以从股价的小幅振荡中获利。我曾与巴塞罗那足球俱乐部的数据科学家一起工作，他们研究了梅西和队友们是如何主宰比赛的。我遇到了来自谷歌、脸书、快拍（Snapchat）和剑桥分析公司的技术专家，他们控制着我们的社交媒体并正在构建未来的人工智能。我亲眼见证了莫瓦·布塞尔、妮科尔·尼斯比特和维多利亚·斯贝塞等研究人员是如何使用公式来发现歧视、理解政治观点的碰撞的，并探索如何使世界变得更加美好。我也从上一代人那里学到了知识，例如牛津大学统计学教授戴维·考克斯爵士，他发现了建立这个秘密组织的核心秘密之一。

现在，我要公布这个秘密组织的名字了。其正式成员需要了解 10 个公式，因此我将其称为"拜十会"。我即将向你介绍这 10 个公式，并借此揭开这个组织的秘密。

拜十会所关注的问题包括了我们在日常生活中会遇到的各种困境：你是否应该辞职换一个新的工作？你是否应该结束一段亲密关系，换个新伴侣？为什么你会觉得自己不如周围的人受欢迎？应该付出多少努力才能变得更受欢迎？应该如何从容应对来自社交媒体的大量信息？是否应该让孩子每天花 6 个小时玩手机？看一部网飞电视剧时，你看到多少集就该决定弃剧了？

你可能没想到秘密组织还能解决这些问题。但事实上，无论是简单还是困难的问题，不管对象是个人还是整个社会，这一系列公式都可以提供解决方案。第 3 章介绍的置信公式可以帮助你决定是否应该辞职，还能让职业赌徒了解他们何时能在博彩市场上占优势，这个公式也揭示了工作中的种族和性别偏见。在第8章中讨论的奖励公式说明了社交媒体如何推动社会达到临界点，以及为什么这并不一定是件坏事。通过了解互联网巨头如何利用该公式来奖励我们、影响我们并对我们进行分类，我们可以更好地摆脱自己和孩子对社交媒体、游戏和广告的依赖。

我们知道这些公式很重要，这是因为它们无数次给人们带来了成功。第9章讲述了来自加利福尼亚州的三名工程师的故事，他们利用学习公式将人们花在视频网站YouTube（优兔）上的时间增加了2 000%。投注公式、影响力公式、市场公式和相关性公式分别重塑了投注、技术、金融和广告行业，为少数的拜十会成员创造了数十亿美元的利润。

在学习了本书中的公式后，越来越多的问题在你眼中将变得易于理解。当你用拜十会的眼光去审视世界时，大问题会变小，小问题会变得不再是问题。

如果你只是想找到快速的解决方案，那么拜十会也能提供。要想加入拜十会，你需要学习一种新的思考模式。拜十会的思维方式要求你将事物分成三类：数据、模型和废话。

拜十会在当今社会如此强大的原因之一在于我们拥有比以往任何时候都更多的数据：证券交易所的操作和博彩市场的走势；通过社交软件收集的关于我们的喜好、购买行为，以及其他行动的个人数据；政府机构了解到的我们住在哪里、做什么样的工作，孩子在哪里上学以及我们能赚多少钱的信息；民意调查者收集并整合的关于我们的政治观点和态度的数据；可以在推特、博客和新闻网站上收集的新闻和观点数据；体坛明星在运动场上的每一个动作的记录。

数据爆炸的现象对每个人而言都是显而易见的，但是拜十会组织的成员从中认识到了建立合适的数学模型来解释数据的重要性。你可以像他们一样学习如何构建模型，学习用公式来支配并且利用数据，而拜十会教给你的方法能让你相对其他人更有优势，尽管可能只多那么一点点。

最后一类的废话是我们需要自己分辨的东西。尽管胡言乱语能令人愉悦且充实，而且我们很多时候都在说废话，但若要像拜十会成员一样思考，就需要暂且将其搁置一旁。无论我们何时听到废话，无论说废话的是谁，我们都需要分辨出来。我将教你如何忽略废话，重新回到数据和模型上来。

这不仅是一本自助书，也不是《十诫》。它不会提供关于要做什么与不要做什么的清单。书里虽然有公式，但没有具体的解决方案。你不能简单地指望着翻到某一页就能找到你要看多少集网飞的新剧，才决定是否放弃。

规则和解决方案利用了我们的恐惧。本书并非建立在这些恐惧之上，而是解释了拜十会的核心思想在过去的 250 年中是如何演变并逐渐形成的。我们将向发展了这一核心思想的数学家学习，并理解其背后的哲学。拜十会教给我们的知识挑战了我们的许多日常假设，让我们重新思考诸如"政治正确"之类的术语，重新评价我们对他人的判断，并重新考虑我们所建立的刻板印象。

对拜十会的介绍也与道德有关，因为如果不提拜十会给世界带来的巨大影响，只揭露其秘密对我来说是无法接受的。如果一小部分人可以引导我们其他人，那么我们就需要知道是什么促使他们做出了选择。我在这本书里讲的故事迫使我重新评估自己和自己所做的事。我不禁会问自己，拜十会是善还是恶，以及我们将来应该建立什么样的道德准则。

　　当蜘蛛侠的叔叔将自己的力量传给他时，叔叔告诉他"能力越大，责任越大"。考虑到其所面对的高风险，拜十会的力量比蜘蛛侠战服带来的责任更大。你将学到足以重塑生活的秘密，并思考这些秘密对我们所生活的世界的影响。

　　长久以来只有少数人可以接触这些核心思想，现在，我将开诚布公，和你一起讨论它们。

# 第1章

# 博彩公式

$$P(\text{最热门球队夺冠}) = \frac{1}{1 + \alpha x^{\beta}}$$

我第一次在酒店大堂见到扬和马里乌斯时就惊到了,他们比我在大学里教的学生大不了多少。他们希望从我这儿学到更多的数学知识,而我也希望从他们身上尽可能多地了解博彩的世界。

我们之前在网上聊过,但这是第一次在现实中碰面。他们在此次欧洲之行中已经见过了众多足彩专家和专业咨询人士,旨在为接下来的一年做准备。我所在的瑞典乌普萨拉是他们的最后一站。

在我们准备离开酒店的时候,马里乌斯问道:"我们需要把笔记本电脑带去酒吧吗?"

"当然!"我回应道。

这次见面只是为了让彼此熟悉一下,正式的工作第二天才开始,但我们三个都知道,即使是不太正式的交谈,也会用到一些数字计算,因此需要带上电脑随时待命。

你可能会认为你需要了解很多知识才能更准确地下注,你需要对比赛有深入的了解，包括了解双方球员的特点和伤病情况，也许你还需要得到一些内部消息。10年前，这一观点可能还是对的。在那时，仔细看比赛、观察每个球员的肢体语言以及观察他们在对抗时的表现如何，能让你比只会支持本地球队的下注者更有优势。但今时不同往日。

扬对足球的兴趣并不大，对即将来临的2018年世界杯①的大部分比赛也都不感兴趣。"我会看一看德国队的比赛。"他带着自信的微笑说道。

这个夜晚正逢世界杯开幕式，一场盛大赛事的开始。无论你喜欢与否，只要生活在这个星球上，你都会不可避免地听到与世界杯相关的消息。但是对于扬来说，除了自己国家的队伍，其他球队对他来说都一样——不论是德甲、挪超联赛还是世界杯，也不论是网球还是赛马。任何运动的任何一场比赛对他和马里乌斯而言都只是一个赚钱的机会而已，而正是对赚钱机会的渴求让我认识了他们。

几个月前，我发表了一篇关于足球博彩模型的论文。[1]这不是一个普通的数学模型。在2015—2016赛季的英超联赛开始之初，我写下了一个公式，利用该公式投注英超联赛，你就可以打败庄家！

截至2018年5月，它已经获得1 900%的利润。如果你在2015年8月按照我的模型投注100美元，那么在不到3年后的今

① 本书英文版出版于2020年，作者与扬和马里乌斯的会面在2018年世界杯开幕之前。——编者注

天，你将获得 2 000 美元。而你唯一要做的就是严格地根据我的模型下注。

我的公式与球场上发生的一切无关。它并不涉及比赛的过程，也与谁赢得了世界杯无关。我的方法涉及一类与庄家赔率有关的数学函数，我们根据历史偏差对其做出调整，并给出新的下注赔率。这就是赢钱所需的全部了。

我公布了自己的公式，这引起了相当多的关注。我曾在《经济学人 1843》这本生活杂志上发表过相关细节，并在接受英国广播公司、美国消费者新闻与商业频道、报纸和社交媒体采访时都谈到了这些细节。这些都不再是秘密，但扬和马里乌斯想请教我的就是这个模型。

"你为什么会觉得你到现在还有优势呢？"马里乌斯问道。

赌博中最重要的是信息，如果你拥有一些别人不知道的信息，并且那些信息能挣钱，那么你最不应该做的就是跟人分享这些信息。"优势"一词就是指你比庄家多了解的一点点信息。为了不丧失掉优势，你应该保守秘密。如果这些信息泄露了，那么所有人都能利用它，而庄家也会修改赔率，你的优势也会丧失殆尽。话虽这么说，我却做了相反的事，我抓住一切机会告诉人们我的公式是什么。马里乌斯想知道，为什么尽管这样大肆宣传，我的模型仍然奏效。

你只要看看我每天收到的询问投注技巧的电子邮件和私信，就能回答马里乌斯所提的问题了。"你认为谁会赢得明天的比赛？我读过很多有关你的文章，我渐渐开始相信你了。""我打算筹集创业启动资金，你关于博彩的建议肯定会带领我朝正确的方向前进。""你买了谁，克罗地亚还是丹麦？我的直觉告诉我丹麦会输，但我不太确定。""你觉得英格兰这场比赛的结果会是什么？平局吗？"类似的提问数不胜数。

我对此毫无得意之情，但人们不断向我发送这些消息也回答了马里乌斯的问题：我的模型依然可以让人们获利。尽管我反复强调了我的方法的局限性，并强调它是基于统计的长期战略，但公众的询问仍集中在"阿森纳在本周末能否获胜？""如果萨拉赫不参加比赛，埃及能否从小组赛中突围？"这类问题上。

给我发送电子邮件的人至少在互联网上搜索过数学和赌博建议，但有更多的人不做任何研究就去参与赌博。有人赌博是出于第六感，有人是为了娱乐，也有人是因为喝醉了，或者因为他们需要现金，在某些极端情况下，有人赌博是因为他们上瘾。总的来说，与使用我的方法或类似方法的一小群职业赌徒相比，这类人明显更多。

我向马里乌斯解释说："该模型仍奏效的原因是，它给你提供的投注建议通常是人们不愿意去照做的。在利物浦对阵切尔西时押平局或在小赔率下押曼城能踢赢哈德斯菲尔德并不是一件有趣的事。"赚钱需要时间和耐心。

马里乌斯发给我的第一封电子邮件不属于通常那99%的类型。他告诉我他和扬合作开发了一个自动系统，试图在博彩市场中赢利。他们的想法是大多数博彩公司属于"软"博彩公司，即它们提供的赔率并不总是能反映出球队获胜的真实可能性。

绝大多数下注者（很可能包括所有向我发送信息询问投注技巧的人）都会通过"软"博彩公司下注。像帕蒂鲍尔、立博和威廉希尔这样街知巷闻的公司都属于这一类，相对没那么出名的线上博彩公司红博和888体育也属于这一类。这些庄家优先提供特殊优惠，鼓励顾客进行下注，但很少试图获得反映体育赛事真实结果的赔率。"硬"博彩公司（如平博或火柴盒）需要准确调整赔率以预测比赛结果，余下的1%的赌徒往往选择这种博彩公司。

马里乌斯和扬的想法是利用"硬"博彩公司从"软"博彩公司那里赚钱。他们的系统会监视所有博彩公司的赔率，包括"硬"的和"软"的，并从中寻找差异。如果其中一个"软"庄家提供的赔率比"硬"庄家更大，那么他们的系统将建议在这位"软"庄家处下注。这种策略并不能保证一定会取得胜利，但是由于"硬"博彩公司给出的赔率更加准确，这带给了马里乌斯和扬最重要的优势。从长期看，在下注成百上千次之后，他们将从"软"博彩公司那里赢钱。

马里乌斯和扬的系统有一个局限性："软"庄家会禁止获胜者入场。这类博彩公司由庄家决定是否允许你投注，一旦看到马里乌斯和扬的账户开始赢利，庄家便会禁掉他们的账号。博彩公司会发送类似这样的信息："现在您的最大下注金额为2.5美元。"

但现在他们找到了规避这一规则的方法。在开发出了整套系统后，他们现在提供订阅服务。只需每月支付订阅费用，订阅者即可通过邮件收到相关信息，指导他们在软博彩公司如何下注可以赢利。这意味着即使被禁止，扬和马里乌斯也可以继续获利。

这对除了庄家之外的所有参与者而言都是双赢。业余赌博者可以得到长期赢利方案，而马里乌斯和扬可以从中赚取佣金。

这就是我和他们二人坐在酒吧里的原因。他们已经掌握了自动收集数据和投注的技巧，而我的公式可以进一步提升他们的优势：我的英超联赛模型不仅可以击败"软"博彩公司，还可以击败"硬"博彩公司。

此时此刻，我相信我已经找到了在即将到来的世界杯中取得优势的办法，但是我需要更多数据来检验我的假设。还没等我说完自己的想法，扬就打开了笔记本电脑，试图接入酒吧的无线网。他说："我们可以从过去的8场大型国际比赛中得到合理的赔率，我有一些代码可以替我们抓取这些数据。"

我们最后商量出了一个计划，并确定好了执行该计划所需的数据。扬在回到他的酒店后启动了数据抓取程序，在夜里开始收集历史赔率。

*

马里乌斯和扬都是技术型职业赌徒。他们精通编程，知道如何获取数据，并且懂数学。与老派的赌徒相比，他们的特点在于，他们通常对比赛项目本身不太感兴趣，而是对数字更感兴趣，但是他们对赚钱同样感兴趣，也更擅长。

我的下注方法成为这对搭档的雷达，使我得以接近他们的赌博网络。但是，当我询问他们正在从事的其他项目时，他们给出了谨慎的回答，可见他们还没有准备好接纳我成为俱乐部的正式成员。起码目前还没有。我只是一个业余爱好者，当我说打算在我们正在开发的系统上投注 50 美元时，他们笑了笑，关于其他项目，他们透露给我的也仅仅是必需信息而已。

不过，在体育博彩行业我还有一个熟人，我们之间的交情更深一些。他近期离开了体育博彩行业，虽然他不想让我透露他的身份以及他的雇主（下文中我们就称他为詹姆斯），但他很乐于分享自己的经验。

詹姆斯告诉我："如果你真的有优势，那么对你而言唯一能阻止你赚钱的因素就是下注的速度。"

为了弄明白詹姆斯的观点，我们先来设想一个回报率为 3% 的传统投资。如果你投注的总资本为 1 000 美元，那么一年后你将有 1 030 美元，获利 30 美元。

现在我们假设用 1 000 美元来赌博，我们相对庄家有 3% 的优势。你当然不想冒着输掉所有钱的风险一次性投注所有资金，因此我们可以考虑先下注 10 美元，这样风险相对适度。你不会每次都赢，但是 3% 的优势意味着，平均而言，每 10 美元的赌注你将赢得 30 美分。因此，这一次投注相对于 1 000 美元的投资的回报率为 0.03%。

要想得到 30 美元的利润，你需要这样下注 100 次。如果按每年下注 100 次来算，那就是每周大约两次，比大多数人都要多。我们这些业余爱好者要清醒地认识到，即使你确实有优势，作为一个从赌博中找乐子的业余爱好者，你也不能指望从

1 000 美元的投资中赚到多少钱。

与詹姆斯合作的不完全是业余爱好者。每天在世界各地进行的足球比赛轻轻松松就超过 100 场，扬下载了最近 1 085 个不同联赛的数据。除了网球、橄榄球、赛马，还有其他户外运动，这里面到处都是赌博的机会。

现在让我们想象一下，詹姆斯和他的同事只在足球比赛中占优势，每天下注 100 场比赛，如此持续一年。我们还假设，随着利润的增加，他们下注的金额会随着本金的增加而成比例增加，因此，一旦他们赚到了 10 000 美元，他们每次下的赌注就变成 100 美元。他们的资产到 100 000 美元之后，那每次的下注金额就变成 1 000 美元，依此类推。那么到年底，有 3% 优势的赌徒究竟能赚多少？ 1 300、3 000、13 000 还是 310 000 美元？

实际情况是到年底，他们的资产应该达到 56 860 593.80 美元，将近 5 700 万美元！每次投注仅使资本增加 0.000 3 倍，但在投注 36 500 次后，指数增长的力量开始显现，利润急剧增加。[2]

但在实际中，这种增长水平是无法实现的。即使詹姆斯和他的前同事下注的"硬"庄家比"软"庄家允许更大的赌注，这里面仍然存在局限性。詹姆斯告诉我："伦敦的博彩公司发展迅速，规模庞大，他们现在必须通过经纪人才能下注。否则，如果每个人都知道他们在某场比赛上下注，那么其他人就会涌入市场，他们的优势就会消失。"

尽管有这些限制，但是在公式的帮助下，这些博彩公司仍然赚得盆满钵满。只要看到博彩公司的办公室内部装饰有多豪华，就知道他们有多成功了。行业领头羊之一足球雷达会为员工提供免费的早餐，他们可以随意使用豪华健身房，休息的时候可以打打乒乓球或玩玩游戏机，可以得到他们需要或是想要的任何电脑设备。该公司还鼓励数据科学家和软件开发人员自己决定工作时间，并声称他们能提供与谷歌或脸书相似的能激发创造力的工作环境。

足球雷达的两个主要竞争对手智率和星蜥也位于伦敦。这两个公司的老板分别为马修·贝纳姆和托尼·布鲁姆，他们都凭借过人的数字天赋做出了自己的事业。贝纳姆曾就读于牛津大学，在那里他开启了基于统计学的赌博业务，而布鲁姆则是一名职业扑克玩家。2009 年，他们各自收购了家乡的足球俱乐部，布鲁姆买下了布莱顿足球俱乐部，贝纳姆买下了布伦特福德足球俱乐部。贝纳姆总能在博彩游戏中占先，他觉得不如买下一家公司更好，于是将"硬"博彩公司——火柴盒收入囊中。

贝纳姆和布鲁姆都利用大数据找到了小优势，并获得了巨额利润。

我告诉扬和马里乌斯的计算热门球队赢得世界杯比赛的概率公式如下：

$$P(热门球队获胜) = \frac{1}{1 + \alpha x^{\beta}} \qquad (公式 1)$$

其中 $x$ 是庄家赋予被看好的球队的赔率。这里的赔率用英国人惯用的方式给出，赔率为 3 : 2 或者 $x = 3/2$ 意味着，如果投注成功，那么你每投注 2 美元能得到 1 美元的回报。

让我们分析一下公式 1 的实际含义，首先从公式的左边开始，我将其记为 P(最热门球队夺冠)。数学模型从来不会给出关于输和赢的绝对预测，通常它只会给出受欢迎球队的获胜概率，为 0% 到 100% 之间的一个数值，表达了对于预测结果的确信程度。

这个概率值取决于公式右边的项，它包含三个字母，$x$ 是拉丁字母，$\alpha$ 和 $\beta$ 是希腊字母。曾经有一位学生告诉我，她觉得涉及拉丁字母 $x$ 和 $y$ 的数学计算直接而简单，但是当我们开始用希腊字母 $\alpha$ 和 $\beta$ 讨论问题时，数学计算会变得尤为困难。对于数学家来说，这种说法有些好笑，因为 $x$、$y$、$\alpha$ 和 $\beta$ 只是符号，它们不会使数学变得更简单或者更困难，因此我当时认为这位学生只是在开玩笑。但她确实提出了一个重要的观点：当 $\alpha$ 和 $\beta$ 出现在公式中时，数学本身往往会变得更加困难。

我们首先去掉这些希腊字母，得到

$$P(\text{热门球队获胜}) = \frac{1}{1 + x}$$

这个公式变得简单很多。如果赔率为 3/2（按欧洲的通常记法是 2.5，按美国的通常记法是 +150），那么受欢迎球队赢得比赛的概率为

$$P(\text{热门球队获胜}) = \frac{1}{1 + \dfrac{3}{2}} = \frac{2}{2 + 3} = \frac{2}{5}$$

事实上，这个公式表示了在没有 $\alpha$ 和 $\beta$ 的情况下，庄家对于热门球

队的胜率的预测。他们觉得热门球队有 2/5 或者 40% 的概率获胜。在另 60% 的情况下，该球队要么平局，要么落败。

在不考虑 $\alpha$ 和 $\beta$（或者严格来说，令 $\alpha$ 和 $\beta$ 都为 1）的情况下，我的预测公式相当好理解，但是此时这个公式没有任何的赢利能力。为了理解为什么，想象一下如果你给最热门球队投注了 1 美元会发生什么。如果庄家的赔率是正确的，那么平均来说 5 次中你有两次能赢得 1.5 美元，其他 3 次则输掉 1 美元。因此平均来说你能赢得

$$\frac{2}{5} \times \frac{3}{2} + \frac{3}{5} \times (-1) = \frac{3}{5} - \frac{3}{5} = 0 \text{ 美元}$$

换句话说，这个公式告诉你，在多次投注后，平均来说你什么也得不到，净赚额为零。而且在有些情况下可能更糟。开始的时候我假设庄家给出的赔率是公平的。[3] 事实上，它们不可能是公平的。庄家总是会调整自己的赔率，以确保自己能获利。因此，他们可能提供 7/5 的赔率，而不是 3/2。因此除非你知道自己在做什么，否则这种调整意味着庄家永远是赢家，而你会一直输。如果是 7/5 的赔率，平均来说你每投一次注会输掉 4 美分。[4]

击败庄家的唯一方法就是用数据说话，而这些数据正是扬离开酒吧后的那个晚上通过电脑抓取的数据。扬的程序收集了自 2006 年德国世界杯以来所有世界杯和欧洲杯比赛（包括预选赛）的赔率和结果。第二天早上，我们坐在我的大学办公室里，开始寻找优势。

我们首先加载了数据，并将其导入类似表 1–1 的电子表格中。

表 1-1　2014 年世界杯比赛的赔率、概率和赛果

| 热门球队 | 黑马 | 热门球队获胜的赔率（x） | 根据博彩公司赔率算出热门球队获胜的概率（$\frac{1}{1+x}$） | 热门球队是否获胜（获胜记为 1，输球记为 0） |
|---|---|---|---|---|
| 西班牙 | 澳大利亚 | 11/30 | 73% | 1 |
| 英格兰 | 乌拉圭 | 19/20 | 51% | 0 |
| 瑞士 | 洪都拉斯 | 13/25 | 66% | 1 |
| 意大利 | 哥斯达黎加 | 3/5 | 63% | 0 |
| …… | …… | …… | …… | …… |

根据这些历史结果，我们可以通过比较表 1-1 数据的最后两列来了解庄家给出的赔率到底有多准确。例如，在 2014 年世界杯西班牙和澳大利亚的比赛中，他们预测西班牙获胜的可能性为 73%，而他们确实预测对了。这可以被认为是"好"的预测。另一方面，他们预测意大利战胜哥斯达黎加的概率为 63%，但结果是哥斯达黎加赢了。这可以被认为是"坏"的预测。

我将这里的"好"和"坏"加了双引号，因为没有其他比赛结果供比较，所以我们无法真正评估预测的好坏程度。这就是 $\alpha$ 和 $\beta$ 需要介入的地方，它们均为公式 1 中的参数。我们可以调整参数的值，利用它们，我们可以微调公式以使其更加精确。尽管我们无法更改西班牙对澳大利亚这场比赛的最终赔率，也无法影响这场比赛的结果，但我们可以选择合适的 $\alpha$ 和 $\beta$ 来得出比庄家更好的预测。

我们可以用逻辑回归来寻找参数 $\alpha$ 和 $\beta$ 最合适的取值。为了理

解逻辑回归是如何起作用的，我们可以先考虑如何通过调整 $\beta$ 的值来优化对西班牙与澳大利亚比赛结果的预测。如果我们让 $\alpha$ 为 1，$\beta = 1.2$，那么我们有

$$\frac{1}{1 + \alpha x^{\beta}} = \frac{1}{1 + \left(\dfrac{11}{30}\right)^{1.2}} = 77\%$$

因为比赛最终结果是西班牙胜，所以这里得到的 77% 的概率比庄家的 73% 的预测要好。

但这里也存在一些问题：如果我增大 $\beta$ 的值，那么在 2014 年英格兰与乌拉圭的比赛中英格兰胜的概率会从 51% 增加到 52%，但是那场比赛中英格兰落败了。为了解决这个问题，我可以增大另一个参数，如令 $\beta = 1.2$，$\alpha = 1.1$。这样一来，西班牙胜澳大利亚的概率为 75%，英格兰胜乌拉圭的概率为 49%。相比于之前令 $\alpha$ 和 $\beta$ 都等于 1 的情形，这两个预测都更准确一些。

我们在上面尝试对参数 $\alpha$ 和 $\beta$ 做了调整，并将结果与两场比赛的赛果进行了比较。扬的数据集则包括自 2006 年以来历届世界杯和欧洲杯的总计 284 场比赛。对于人类来说，不断更新参数值，将其代入公式并查看这些调整是否能改善预测会非常耗时。但是，我们可以使用计算机算法来执行这项计算，这就是逻辑回归的功能（参见图 1–1）。它系统地调整了 $\alpha$ 和 $\beta$ 的值，并给出了尽可能接近实际比赛结果的预测。

我用 Python 编程语言编写了一个脚本来执行计算，按下了"运行"，然后看着我的代码处理所有数据。几秒钟后，我得到了

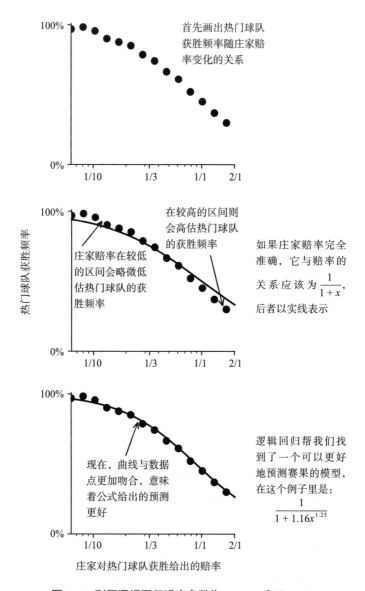

图 1-1 利用逻辑回归设定参数为 $\alpha = 1.16$ 和 $\beta = 1.25$

一个结果：当 $\alpha = 1.16$ 和 $\beta = 1.25$ 时，该模型给出的预测最为精确。

这些数据立即引起了我的注意。两个参数 $\alpha$ 和 $\beta$ 都大于 1，这表明赔率与结果之间存在复杂的关系。理解这种复杂关系的最好方法是在电子表格中添加新列，将我们的逻辑回归模型与博彩公司得出的预测进行比较。

表 1–2　2014 年世界杯比赛的赔率、概率、逻辑回归模型概率和赛果

| 热门球队 | 黑马 | 热门球队获胜的赔率（$x$） | 根据博彩公司赔率算出热门球队获胜的概率（$\frac{1}{1+x}$） | 逻辑回归模型算出的热门球队获胜的概率（$\frac{1}{1+1.16x^{1.25}}$） | 热门球队是否获胜（获胜记为 1，输球记为 0） |
|---|---|---|---|---|---|
| 西班牙 | 澳大利亚 | 11/30 | 73% | 75% | 1 |
| 英格兰 | 乌拉圭 | 19/20 | 51% | 48% | 0 |
| 瑞士 | 洪都拉斯 | 13/25 | 66% | 66% | 1 |
| 意大利 | 哥斯达黎加 | 3/5 | 63% | 62% | 0 |
| …… | …… | …… | …… | …… | …… |

从这里我们可以看到，铁杆赌徒口中的长期偏见现象总是会发生在西班牙这样的热门球队身上。这些队伍在庄家的赔率中通常是被低估的，因此值得下注。另一方面，像 2014 年的英格兰这样较弱的热门球队则被高估了。英格兰的获胜概率低于赔率所给出的数值。尽管预测和模型之间的差异很小，但扬、马里乌斯和我都知道这足够我们从中获利。

我们在世界杯中发现了一个小优势。但目前我们还不是很清

楚在以往比赛中出现的优势会不会出现在这届世界杯上，因此我们可能得承受一些损失才能找到它。午餐时间，基于我的公式开发的交易系统正式投入使用。我们按下了"运行"，静候结果。我们将在整个世界杯期间自动投注。

午餐后，我们一同回到了我的家。马里乌斯和我坐在地下室，观看乌拉圭对阵埃及的比赛。扬拿出他的笔记本电脑，开始下载网球的赔率数据。

*

我的投注公式不仅与一届世界杯有关，它的目的也不只是从庄家那儿获利。它真正的力量在于让我们以概率的方式看待未来。使用投注公式意味着我们要抛开我们的第六感，并且不再对足球比赛、赛马、财务投资、工作面试甚至浪漫约会的结果做百分百确定性的预测：你永远无法知道下一步会发生什么。

我们大多数人都有一个模糊的理念，即未来要发生的事在很大程度上是由概率决定的。如果天气预报告诉你明天有 75% 的可能性是晴天，那么即便你在上班途中遇到倾盆大雨，也不应该感到惊讶。但是要找出隐藏在概率背后的小优势，就需要你对这个问题有更深的理解。

如果某个特定的结果对你很重要，那么请分别考虑一下该结果成功和失败的可能性。近期我曾与一家非常成功的初创公司的首席执行官进行了交流，该公司已经过四轮数百万美元的融资，并拥有 100 名员工。他坦言道，从长期来看，自己和投资者的获利机会大约只有 1/10。他每天花很长时间全身心地投入工作，但他同时也很清楚，自己目前拥有的这一切可能在一夜之间荡然无存。

我们会发现找到梦寐以求的工作和理想的伴侣都很困难，生活中总有你无法控制的因素。看到那些在面试后觉得自己做错了什么而捶胸顿足的人，我感到十分惊讶，这其实很可能只是由于当天面试的其他人表现得无可挑剔。请记住，走进办公室面试之前你只有 20% 的成功率，如果不是连续五次面试都不过，那就没什么理由对任何结果感到沮丧。[5]

我们很难去量化浪漫，但我们也可以在这里使用概率原则。不要指望第一次约会就能碰见真命天子，如果你连续 34 次约会都失败，再花点儿时间反思一下自己也不迟。

确定了相关概率后，就要考虑它们与投资规模和潜在利润之间的关系。我提倡用概率思考问题并不是要你逆来顺受、认命并接受一切，也不是试图让你更加警觉。一个创业公司的首席执行官提出了成为下一个优步或爱彼迎的商业企划，它有 1/10 的成功机会，这个商业企划有可能建立一个价值 100 亿美元的公司。100 亿除以 10 依然有 10 亿，这仍然是一笔巨大的预期利润。

从概率的角度考虑问题，需要你直面对你不利的可能性，更现实一些。在赛马和足球比赛中，不成熟的赌徒往往会高估小概率事件的发生概率，但在现实生活中，我们往往会低估小概率事件的发生概率。人们天生谨慎并且倾向于规避风险，但请记住，得到你真正喜欢的工作或找到自己喜欢的伴侣所带来的回报是巨大的。这意味着你需要冒很大的风险去追求预期目标。

*

数学需要付出努力和毅力。5 分钟前，我读完了应用数学史上最杰出的论文之一，这篇论文价值 10 亿美元。即使我一开始就了解到该论文对数学素养的要求很高，但看到公式时，我还是感到比想象中更加困难。我跳过了这些公式，并告诉自己读完之后再来搞清楚推导过程，然后去读有趣的部分。

我刚提到的那篇论文是威廉·本特（William Benter）的《基于计算机的赛马预测和投注系统报告》。[6] 这是一份宣言，从科学角度表达意向的声明。这个严谨的人显然对自己所做之事充满信心，他详细写下计划，再付诸实践，他要向全世界表明，他能取得成功绝不是因为运气，而是因为数学的确定性。

20 世纪 80 年代末，威廉·本特开始横扫香港赛马场。在他开始这项计划之前，高赌注的赌博一直是骗子的乐土。这些骗子通常会在跑马地和沙田赛马场以及皇家香港赛马会附近徘徊，试图从马主、负责训练的员工和教练那里收集内部信息。他们会发现某匹马是否吃过早餐或秘密进行了额外的训练等。他们和骑师成为朋友，并向他们咨询比赛策略。

作为一名美国人，本特是这个赛马世界的局外人，但他想到了另一种获取内部信息的方法，这是骗子们不曾注意到的，尽管实际上它一直就躲在赛马俱乐部的办公室里。在两位秘书的帮助下，本特拿到了赛道年鉴的副本，于是，他将赛马成绩输入计算机。后来他告诉《彭博商业周刊》，他就是在那一刻取得了突破。他得到了最终赔率的数据，并将其数字化。正是这些赔率使本特能够采用一种类似于我向扬和马里乌斯展示的方法：利用公式投注。这是找出赌徒和情报贩子的预测中的不正确之处的关键。

本特没有止步于此。在上文中介绍的基本公式中，我仅仅确定了足球比赛赔率中的偏差。而现在，在仔细阅读了本特的论文之后，我开始理解本特是如何在如此长的周期内赢利的了。在我自己的模型中，我没有考虑影响比赛结果的其他因素。然而本特做的更多，他收集的数据包括每匹马过去的表现、距离上次比赛的时间、马的年龄、骑手的贡献、指定的跑道、当地的天气和许多其他因素，并将这些因素逐个添加到投注公式中。随着他考虑的细节越来越多，逻辑回归公式的准确性更高，预测结果也更精准。在输入了 5 人年的数据后，他的模型日趋完善。他在赌场通过算牌筹集到足够资金后，开始去跑马场下注。

在开始投注的前几个月，本特获得了 50% 的利润，但两个月后，这些利润又归零了。在接下来的两年中，本特的利润起伏不定，有时接近 100%，但随后又下降到接近 0。大约两年半后，该模型才真正开始获得回报，利润逐渐上升到 200%、300%、400%，然后呈指数式增长。本特告诉《彭博商业周刊》，在 1990—1991 赛季，他的利润达到了 300 万美元。[7] 据《彭博商业周刊》预计，在接下来的 20 年中，本特和少数使用相同方法的竞争对手从香港赛马场赢得的收入超过了 10 亿美元。

本特的科研论文最不可思议的一点不是它的内容，而是很少有人阅读这一事实。自发表以来的 25 年中，它被其他文章总共引用了 92 次。而我在 15 年前写的一篇有关霸王蚁如何选择新家的文章甚至还被引用了 351 次。

被忽视的不仅仅是本特的文章。本特在自己的文章中引用了露丝·博尔顿（Ruth Bolton）和兰德尔·查普曼（Randall Chapman）于 1986 年撰写的论文，并称之为"必读"论文[8]，这篇文章讲的是如何使用押注公式在美国赛马场中获利。然而，将近 35 年后，这篇启发性的论文被引用的次数还不到 100 次。

本特没有接受过高等数学方面的正规教育，但是对于他所从事的工作来说已经足够了。在其他人的描述里他被称为天才，但我不这么认为。在我的职业生涯中，我遇到了许多不是天才也并非数学家的人，他们都系统学习过本特所使用的统计方法。他们大多数不是赌徒，而是使用统计数据检验假设的生物学家、经济学家和社会学家，但是他们确实花了一些时间来理解数学。

第一次阅读那篇论文的时候我并没有理解其中的数学原理。实际上，只有为数不多的专业数学家能够轻松阅读和消化这些公式。通常来说，秘密就隐藏在这些细节里。

*

任何秘密组织面临的最大威胁都是被公之于众。光照会的成员认为世界事务都被精通技术的领导者所控制，其当代翻版①要求每个成员对他们的目标和方法保持沉默。如果某个人泄露了秘密或者计划，那么整个组织都将面临风险。

这种易于泄露的危险是大多数科学家不太相信光照会存在的主要原因，控制所有人类活动需要一个庞大的秘密组织和一个巨大的秘密。只要一个成员崩溃，就会带来全员的暴露，这个风险太大了。

但是随着我们深入研究投注公式，我们逐渐理解了拜十会的秘密是如何被隐藏的。只有当组织的成员坚持不懈地学习时，他们才会慢慢揭露其中的秘密。人们在学校中学习这个秘密，而且在大学的课程中得到延伸，只是我们都没意识到自己学习的到底是什么。拜十会的成员只是模糊地意识到他们是这一巨大组织的一部分，他们没有觉得自己隐藏了什么秘密，自然也没有需要坦白的东西。

一名年轻的拜十会成员在读了几遍本特的学术论文后，努力去理解其中的含义。她觉察到了一种联系，这种联系已经存在了好几个世纪。本特在研究露丝·博尔顿和兰德尔·查普曼的文章时肯定觉察到了同样的联系。同样，博尔顿和查普曼在研究戴维·考克斯的工作时也会有相同的感觉。考克斯在 1958 年提出了逻辑回归方法，为博尔顿、查普曼和本特的工作奠定了基础。继

---

① 指美国漫威漫画系列中的"光照会"（Illuminati），由地球上最聪明、最富有的超级英雄组成。其成员的身份对外严格保密，连他们的家人和同为超级英雄的伙伴们都不知道有这个组织的存在。——编者注

续往前追溯的话，就到了两次世界大战时的莫里斯·肯德尔和罗纳德·A.费希尔，以及18世纪生活在伦敦的亚伯拉罕·棣莫弗和托马斯·贝叶斯第一次提出了概率论，数学产生的联系贯穿了整个历史。

随着她逐渐深入研究细节，我们的年轻助教发现，所有秘密都隐藏在细节里，一步步地在她面前呈现出来。本特用公式的"密码"记录了他成功的起源，而在25年后的今天，年轻助教又从代数符号里重新感受到了那种成功。

所有这些公式的共同点是数学，它让我们穿过遥远的时空相遇。像她的前辈本特一样，她开始了解到通过隐藏在数据中的统计关系（而不是第六感）来投注的美妙之处。

\*

在不使用公式的前提下，还有一种方法可以解释扬、马里乌斯和我提出来的投注策略。事实上，我用一句话就能解释其中的关键思想：我们发现世界杯的开场赔率（庄家在比赛开始前很久给出的赔率）比闭场赔率（庄家在比赛前一刻给出的赔率）能更好地预测结果。

这个结果是反直觉的。当庄家设定赔率时，开球前几周（或几个月）发生的事情存在很多不确定性。明星球员（比如埃及的穆罕默德·萨拉赫）可能会受伤，球队的状态可能不尽如人意（世界杯开赛前几周，法国队与美国队战平），或者可能在最后时刻更换主教练（如西班牙）。从理论上讲，这些事件的发生应该会导致赔率发生变化，如果西班牙队突然解雇主教练，其击败葡萄牙的赔率就会下降。

赔率的确变了，但是它们并不能反映真实情况，而是会矫枉过正。随着比赛的临近，业余赌徒涌入博彩市场并且开始下注，而庄家的赔率也会根据这些业余玩家所下的赌注发生变化。例如，法国队击败秘鲁的赔率原本为 2/5，到第一场小组赛时则增至 1/2。也许有些人会认为，如果法国队在世界杯开赛前的友谊赛里没能击败美国队，那么秘鲁可能在这场比赛中偷得 1 分甚至 3 分[1]。其他业余赌徒无疑读到了报纸对中场球员保罗·博格巴的批评，并开始质疑他带领国家队抱走大力神杯的能力。无论是什么原因，这正是我们的模型在前几届世界杯中发现了可以产生不错的收益的场景。当热门队的赔率增加时，支持热门队伍就会带来优势。我们的自动投注系统检测到赔率的变化，激活了投注功能，并且在法国队上下注 50 美元。而赛后我们的资产也确实变为 75 美元。这真是一个简单有效的策略！

应用数学家的一项重要技能是解释我们所使用模型背后的基本逻辑。在建立了模型后，我和马里乌斯边观看下午的足球比赛边讨论为什么随着世界杯比赛日的临近，赔率变得越来越不准确。

他告诉我："我们的大多数交易策略都基于这样的想法，即越

---

[1]　足球世界杯小组赛积分规则是胜者积3分、负者积0分、平局双方各积1分。——编者注

临近比赛，赔率越精确。但世界杯比赛一定有一些不同之处。"

我推测说："主要是绝对投注量上有所不同。电视上每天都会播放很多足球比赛，在这些比赛里小赌一下也很有意思。有些人押注是出于民族自豪感，而另一些人则希望将自豪感押到另一个国家身上。"

马里乌斯认可了这一观点。世界杯为足球带来了新的观众群体，他们忍不住将钱花在自己支持的队伍上。可以设想一下，一位忠实的英格兰球迷可能会认为，投注法国队输会很有趣，这一考量也适用于阿根廷人和德国人在揭幕战中支持瑞士而不是巴西。随着大量的资金涌向较弱的球队，庄家加大了热门球队的赔率，而我们的模式则受益于逆市而动。并不是每一场比赛都能给我们带来收益，巴西一开场就意外战平瑞士，但历史表明，在开球前支持热门球队最有可能赚到钱。

业余参与者支持小概率事件带来的偏差只是我们模型的一部分。我们的公式提供了更细致的预测：$\alpha = 1.16$ 和 $\beta = 1.25$ 表明当没有非常强烈的偏好时，我们应该支持弱势队伍，我们在 2014 年英格兰输给乌拉圭的那场比赛中就看到了这一点。对哥伦比亚和日本的比赛的预测也比较准确。在比赛开始前的几天，哥伦比亚队获胜的赔率从 7/10 增长到 8/9。将这些赔率代入我们的公式可以看出，押注日本是有道理的。这不是因为日本更有可能赢得比赛，哥伦比亚仍然是热门，而是投注公式表明，赔率为 26/5 的日本比哥伦比亚具有更好的投资价值。这一次我们赌对了，哥伦比亚输了，我们下了 50 美元的赌注，赢得了 260 美元。

戴维·考克斯爵士现年 95 岁[①]，至今仍然没有停止研究。在长达 80 年的职业生涯中，他撰写了 317 篇学术论文，而且未来还有可能发表更多。在牛津大学纳菲尔德学院的办公室里，他撰写着现代统计学方面的评论和综述，并在他的领域中做出新的贡献。

我问他是否每天都去办公室。

"不是每天，周末不去。"他回答。

然后他停顿了一下，斟酌了一下措辞："应该说我周末去办公室的可能性很小，但还是可能会去的。"

戴维·考克斯爵士做什么事都要求精确。他给我的回答是经过仔细考量的，并且总是会在力所能及的范围内给出他对此的置信水平。

考克斯率先发现了投注公式。他自己不会这么承认，而且这个说法也不完全准确。更精确的说法是他发展了逻辑回归理论，而我使用该理论找到了 $\alpha$ 和 $\beta$ 的值，本特则用它来确定了哪些因素可以预测赛马的结果。[9] 他发展出了能让投注公式做出更准确预测的统计方法。

逻辑回归诞生于"二战"后的英国。"二战"即将结束时，考克斯爵士在剑桥大学完成了数学的学习，然后被借调到英国皇家空军。后来，随着英国开始战后重建，他又转去从事纺织业。他

---

① 戴维·考克斯爵士生于 1924 年。——编者注

告诉我，他最初的兴趣是抽象数学，但是这些经历使他对新挑战充满了期待。他说："纺织业中充满了令人着迷的数学问题。"

虽然他对具体事件的记忆已有些模糊，但他对那些日子的热情却表露无遗。他谈到如何通过测试材料的各项特征来预测其破裂的可能性，以及如何用粗纺羊毛制造出更坚固、更均质的产品等。这些工业上的问题，再加上他在皇家空军遇到的有关空中事故频率和机翼空气动力学的问题，给了他很多思考的契机。

正是从这些实际问题出发，考克斯爵士提出了一个更为普遍的问题，也是一个更数学化的问题：当一个结果受多种因素的影响时，最佳的预测方法是什么（比如飞机失事是如何受风速影响的，或者毛毯是如何在应力应变的作用下被撕裂的）？这和本特对赛马所进行的调查属于同一类：根据一匹马的比赛历史和天气预测它获胜的概率。

"当我（于20世纪50年代中期）提出该理论时，大学里争议最大的问题来自分析医学和心理学的数据，这些数据被用来预测不同因素与医学结果之间的关系，"考克斯告诉我，"我通过结合我的实践经验和数学背景提出了逻辑回归，因此我应该可以用相似的数学函数解决医学、心理学和工业领域的不同问题。"

事实证明，这一族数学函数比戴维·考克斯想象的还要重要。从20世纪50年代在工业领域的应用到对医学试验结果的解释，逻辑回归已成功被应用于无数不同的问题。脸书现在使用这种方法来决定向我们展示哪些广告，声破天（Spotify）用这种方法来推荐音乐，同时这种方法还构成了自动驾驶汽车行人检测系统的一部分。当然，它也可以用于赌博……

我问过考克斯爵士他是否知道本特利用逻辑回归方法在赛马上取得的成功。他说没有听说过，于是我告诉他本特如何用逻辑回归获得了 10 亿美元的收益。接着我还告诉了他关于牛津大学学生马修·贝纳姆的情况以及他在预测足球比赛结果方面的成功经验。

"我希望你永远都不要赌博。"他这样告诫我，并停顿了很长时间。

然后，他平静地给我讲述了一个他听到的赌博故事，是关于 20 世纪 50 年代时他的一位同事的，他要求我永远不要泄密，我也遵守了诺言。

*

赌博并不是要预测未来，而是要找出你和他人看待世界方式的微小差异。如果你的视野比较清晰，如果你的参数可以更好地解释数据，你就拥有了优势。但也不要指望你的优势能马上显现，你需要一步步地试错，优化参数，才能逐步建立起优势，而且也不要指望一直赢。事实上，只有在你一遍又一遍地玩着这个游戏的时候，你才能赢得比输得多。

我们有时候喜欢去关注绝妙的想法。但是投注公式告诉我们，问题的关键在于创造不同的想法。想象一下，假如你要开一家瑜伽或者舞蹈教室，可以尝试对不同的群体播放不同的伴奏音乐，并记录哪种音乐效果最好。我们可以测试许多小点子，让它们像跑马场中的赛马一样相互竞争。在每次比赛结束时，我们都可以重新评估赢家和输家，从中发现与成功或失败相关的特征。

如果你想要尝试新点子，那么你可以使用数据科学中常用的AB测试方法。网飞在更新网站设计时，会创造两个或更多个版本（A、B、C等），展示给不同的用户，然后测试哪种设计的点击量最多。这是投注公式在确定设计特征成功还是失败方面的直接应用，通过涌向网飞的信息流，人们能够迅速了解到哪部分设计有用、哪部分没用。

你无须搞清楚逻辑回归背后的原理就能使用投注公式，但如果你掌握了调整参数、拟合数据的原理，再进一步去掌握逻辑回归方法就变得非常容易了。戴维·考克斯爵士告诉我，他相信大多数人都能够学会也应该学会如何使用他提出的方法。但如果只是为了理解你搜集的数据能揭示出什么，倒也无须掌握证明逻辑回归模型有效的数学机理。

\*

世界杯期间，我看了很多场足球比赛，但是由于我没有按照赔率来买，所以我不知道精心计算的结果能否让我赚钱，我只是很享受比赛的过程。扬一次又一次地给我发送自动生成的电子表格，其中包含下注列表以及可能的收益或损失。我们在小组赛的第一轮赌输了，但是后来结果开始好转，随着比赛的进行，我们开始赢利。到世界杯结束时，我凭借总计 1 400 美元的赌注赢了近 200 美元，投资回报率为 14%。

在研究了包含我们自己的数据的最新电子表格之后，我再次查看了收件箱中的消息，随着世界杯的进行，这些消息变得越来越绝望："我知道你有预测比分的方法，请你帮帮我！""我想参考一下你的预测，我已经输惨了。""今天有一场大赌局，帮我赢点儿钱吧，有 100 来号人跟着我吃饭呢！"几乎每时每刻我都能收到这类消息。

我不禁想到我们正是从这些没多少钱的人身上赚取小额利润的。庄家当然是最大的赢家，但是扬、马里乌斯和我赚的是别人的钱，也许是从没多少积蓄的人那里赚取的。

那时，一个想法开始在我的脑海中浮现：了解公式与不了解公式的人之间的不平等不仅仅存在于赌博上。戴维·考克斯爵士的统计模型适用于现代社会的许多方面，从羊毛工业和飞机设计到现代数据科学和人工智能，数学发展推动了技术进步，并且成为技术的基础。这些进步只受到很小一部分人的控制：那些熟悉公式的人。在多数情况下，知道这些秘密的人因为擅长数学得到了社会地位和经济利益。

戴维·考克斯也是拜十会成员，但他自己可能并不清楚这一点。他创造了其中一个公式，另外 9 个公式他也能够完全掌握。因此他在拜十会中的地位是十分稳固的，而且是一位受人尊敬的最高等级的会员。

本特、贝纳姆和布鲁姆也是拜十会的一员，也许他们不像考克斯那样是通过正式的数学教育了解到这些公式的，但是他们理解这些原则，也知道如何将这些原则付诸实践。扬和马里乌斯也正在通往拜十会的路上。

至于我，我是从学者的角度知道这些公式的，但同时我也像本特一样清楚地知道如何在实际中使用这些公式。尽管我之前没有意识到这一点，但我现在知道了，拜十会定义了我，不仅塑造了我的工作方式，而且定义了我是什么样的一个人。

第 2 章

# 评价公式

$$P(M|D) = \frac{P(D|M) \cdot P(M)}{P(D|M) \cdot P(M) + P(D|M^C) \cdot P(M^C)}$$

　　我的朋友马克管理着一个金融交易团队，其成员都具有数学或统计学背景。马克发现出色的交易员有一个共同点：处理新信息以及对新信息做出反应的能力十分出色。随着突发事件的发生，他们会迅速调整对新现实的预期。

　　交易员从不说诸如"这家公司下季度将会赢利"或"这家初创公司将破产"这类绝对的话，他们会以概率的方式思考问题："这家公司有34%的概率赢利"或"这家初创公司有90%的破产风险"。随着新的信息流入（例如首席执行官被迫辞职或初创公司开发的软件的测试版本很具潜力），他们会适时更新这个概率：34%变为21%，而90%变为80%，等等。

　　我从博彩行业的熟人詹姆斯那里听说了类似的故事。他们使用投注公式的变体估计结果，但由于线上流通的资金数额巨大，他们必须快速反应来验证他们的模型是否对即将到来的足球比赛有效。如果比赛前一小时首发阵容发生变化，或者他们的模型背后的假设不再成立，他们会采取什么措施？

詹姆斯告诉我："只有在这种时候，你才能发现真正的好交易员。他们不会过度反应，如果首发阵容只变化了一个人，投注仍会保持现状；如果 2~4 个人发生变化，就需要开始权衡不同的可能性了；如果 5 个人或更多人发生变化，所有投注通道都会关闭。"

如果想学会像这些分析师一样思考，首先你必须让自己身临其境，处在有情绪压力的环境下。如果安全地站在地面上，我们很可能会觉得飞行并不危险，毕竟乘坐商用飞机死于坠机的可能性小于一千万分之一。但是当你在空中时，感觉就会大不相同。

设想一下，你是一位经验丰富的旅客，已经有超过 100 次的飞行经验，但是你这次乘坐的航班有些许不同，飞机在下降的时候以从未有过的方式剧烈晃动。你旁边的女乘客吓得喘不上气，坐在过道对面的那个人紧紧抓住自己的膝盖。显然，你周围的每个人都很害怕。最糟糕的情况会发生吗？

在这种情况下，数学家会深吸一口气，然后开始收集身边的所有信息。他们会先使用一些数学记号，将飞机坠毁的基准概率记为 $P$(坠毁)，$P$ 代表概率，"坠毁"代表最糟糕的情况——机毁人亡。从统计数据中我们知道，$P$(坠毁) = 1/10 000 000，也就是一千万分之一的概率[1]。

为了弄明白这些事件之间有怎样的依赖关系，我们用 $P$(摇晃|坠毁)表示飞机在即将坠毁时机身摇晃的可能性（竖线|代表"给

定"）。一个合理的假设是 $P(摇晃|坠毁) = 1$，也就是说飞机坠毁之前一定伴随着一系列的摇晃。

我们还需要知道 $P(摇晃|不坠毁)$ 是多少，也就是在安全着陆的前提下机身摇晃的可能性是多少。这里我们需要借助直觉，这是你经历过的 100 次类似的飞行中最可怕的一次，因此你的估计是 $P(摇晃|不坠毁) = 1/100$。

这些概率很有用，但并不是你想要的，你真正想知道的是 $P(坠毁|摇晃)$，也就是在飞机剧烈摇晃时你坠毁的可能性。我们可以使用贝叶斯定理：

$$P(坠毁|摇晃) = \frac{P(摇晃|坠毁) \cdot P(坠毁)}{P(摇晃|坠毁) \cdot P(坠毁) + P(摇晃|不坠毁) \cdot P(不坠毁)}$$

公式中的点"·"代表乘积。我将在后面介绍这个公式是如何得到的，现在我们直接用就好。大约在 18 世纪中叶，托马斯·贝叶斯牧师证明了这一公式，从那时起，数学家就一直在使用它。把所有已知的概率值代入公式，我们可以得到

$$P(坠毁|摇晃) = \frac{1 \cdot \dfrac{1}{10\,000\,000}}{1 \cdot \dfrac{1}{10\,000\,000} + \dfrac{1}{100} \cdot \dfrac{9\,999\,999}{10\,000\,000}} = 0.000\,01$$

即便这可能是你乘坐飞机以来遇到的最为严重的湍流，你乘坐的飞机坠毁的概率也仅为 0.000 01，因此你安全着陆的可能性是 99.999%。

我们可以在各种不同的危险场景下应用这个推理过程。当你

在澳大利亚的海滩游泳时瞥到水中出现了一些不明生物，那是鲨鱼的可能性是很小的。当朋友迟到而又无法联系到他们时，你可能会担心出了什么事，但最可能的解释是，他们只是忘了给手机充电。我们眼中的新信息——譬如飞机的晃动、水中模糊的影子或没人接的电话——最终都会被证明没那么可怕，只要我们正确地对待这个问题。

贝叶斯规则能让你正确评估信息的重要性，并让你在周围的人惊慌失措时保持冷静。

*

我以"看电影"的方式看待世界。不管我是独自一人，还是与他人相伴，我都会花很多时间在脑海中播放关于未来的电影。这不仅是一部电影，也不只是一种未来，而是很多部情节和结局都很曲折的电影。下面让我用飞机的例子来解释一下。

当我登上飞机和准备降落时，我会想象我们之前所谈论的坠机事故。如果我和家人都在飞机上，我会想象握住孩子的手，告诉他们我爱他们，让他们别太担心，不会有事的。在我的想象中，因为家人都在，所以当我们走向死亡时，我会保持镇定。当我独自一人坐在飞机上，周围都是陌生人的时候，我脑中的电影就不一样了，我看到的是家人失去了我的场景。我的葬礼很快结束了，我看到我的妻子和我们的孩子在一起，妻子向孩子们讲述我们在一起的故事。这部电影令人难以置信地悲伤。

这些影片持续不断地在我左眼上方的大脑区域循环播放，至少我是这样感觉的。不过，我脑海里播放的大多数电影都没有飞机失事那样具有戏剧性的情节。在我和图书编辑碰面之前，我会在脑海中先展开讨论，仔细考虑我要和她说些什么。如果我要准备举办一场研讨会，我会在脑海中思考如何展示研讨材料，想象听众可能会提出哪些棘手的问题。许多电影都是抽象的：我会试图寻找论文的写作思路；我会回想我指导的博士研究生的论文结构；我会回顾自己正在解决的数学问题。这些电影若是真的放到大屏幕上，效果肯定不佳，它们充满了数字、技术术语和学术参考文献。不过我很享受这些，毕竟我是一个非常专业的观众。

先强调一下，我并不想自诩为全能先知，我根本没有这样的念头。我创作的电影是零散的，缺乏细节，仍需现实填充。最重要的是，它们几乎总是错误的。跟编辑见面后，编辑将我们的讨论转向了另一个方向，我那时已经忘记了之前脑补的问题。科学论文的推理中出现了一个漏洞，我还无法解决。一开始，我就在计算上犯了一个巨大的错误，结果后面全错了。

心理学家研究了人们看待世界、构建未来故事的方式，但是对这一过程的科学描述并不是我们的重点，重要的是你如何看待未来。用文字、电影还是电脑游戏？是通过照片、声音还是气味？是一种抽象的感觉还是真实事件的具体化？你可以尝试找出你看待事物的方式。你应该用自己的方式看待世界——我无意改变你。如果有人想关闭我的电影，我也会感到不舒服，毕竟我的"电影"是我的一部分。

数学思维能够帮助我组织电影片段的播放，飞机失事就是一个很好的例子。当我在脑海中播放飞机坠毁的电影时，我会预估它真实发生的可能性，最终发现实际上不太可能发生坠毁，但这不会阻止影片的播放。当我坐在飞机上或在海里游泳时，我仍然会感到害怕，但这也有助于我集中精神。我并不只是在害怕，同时还在考虑家人对我的意义，以及为什么我应该减少出差，多在海里游游泳。

我脑海中播放的电影用术语来讲一般被称为"模型"。飞机失事是一个模型，鲨鱼袭击是一个模型，针对我的科学研究的计划也是一个模型。模型涵盖的范围很广，从定义模糊的思想到更形式化的公式，譬如说我在投注时用到的公式。用数学方法理解世界的第一步是了解使用模型的方法。

\*

艾米刚来到一所新的大学上课，她想知道应该和谁走近点儿，和谁离远点儿。她很乐于信任别人，她在脑海中播放的电影内容都是其他人友善地欢迎她的场景，但是艾米也不傻。她知道并不是每个人都很好，而且她的脑海中也有一部"坏人"电影。不要批判艾米用的词语，毕竟这些想法只存在于她的脑海中。因此，当她和同桌的女孩雷切尔刚认识时，她觉得雷切尔是坏人的概率很低，比如二十分之一。

我并不认为艾米和陌生人认识时能够给出准确的"坏人"概

率，之所以设置一个数值，是为了让我们更好地切入这个问题。你可以想一下你认识的人中有多大比例是坏人，我希望该数字小于二十分之一，但还是随你定。

在刚认识的那个早上，雷切尔和艾米一起复习了课上学的一些概念。艾米无法快速掌握所有细节，因为她在以前的学校里没有接触过相关概念的背景知识。雷切尔表现得很有耐心，但艾米可以看出来她心里有些不耐烦。为什么艾米学不了这么快？午餐后，发生了一件可怕的事情。艾米坐在洗手间隔间里玩手机，她听到雷切尔和另一个女生走了进来。

"那个新来的女生好蠢，"雷切尔说，"我给她解释文化挪用，但是她一点儿都不懂。她以为这是关于白人学习打邦戈鼓的故事。"

艾米一动不动地坐着，不敢出声，等着她们离开。她此时应该怎么想？

如果你是艾米，你肯定会感到伤心或生气，但是我们应该有这样的情绪吗？雷切尔确实做了不太好的事，这是艾米进入学校的第一天，以这种刻薄的方式对待她是不友善的。问题是，尽管经历了这种事，艾米是否应原谅雷切尔，并再给她一个机会？

是的，她确实应该这么做，我们应该原谅这些不和谐。我们不仅应该原谅他们一次，而且应该原谅很多次。我们应该原谅别人的愚蠢评价，原谅他们在背后说我们坏话而且还没发现我们。

为什么要原谅他们？是因为我们很善良吗？因为是我们让自己陷入了这样的境地？还是因为我们软弱，不敢反抗？

不是的，并不是这样。我们之所以应该原谅他们，是因为我们是理性人，我们相信逻辑和因果。之所以应该原谅他们，是因为我们要公平，也因为我们从贝叶斯牧师那里学到了一些理论，因为第二个公式告诉我们这是唯一正确的做法。

接下来我将具体解释为什么应该原谅他们。贝叶斯规则在模型和数据之间建立起了联系，它使我们能够检验脑海中的电影画面与现实的一致程度。在本章开始的例子中，我算出了飞机在剧烈晃动的情形下坠毁的概率$P$(坠毁|摇晃)，对于艾米而言她想知道$P$(是坏人|说坏话)，这里面的逻辑是一样的。

"坠毁"和"是坏人"是我们脑子里的模型，它是我们对于世界的观念，并且以想法的方式在脑海中呈现，在我这里是以电影的方式呈现。"摇晃"和"说坏话"是我们所能接触到的数据。数据是有形的事物，是已经发生的事情，是我们经历过且能感觉到的过去。许多应用数学模型涉及模型与数据的调和，让我们的梦想直面残酷的现实。

我们用$M$代表模型，用$D$代表数据。我们想要知道在给定数据（卫生间里的恶意议论）的情况下我们的模型为真（雷切尔是坏人）的概率。

$$P(M|D) = \frac{P(D|M) \cdot P(M)}{P(D|M) \cdot P(M) + P(D|M^C) \cdot P(M^C)} \quad (公式\,2)$$

为了理解这个公式，也就是贝叶斯规则，最好把公式右边的项拆分成两部分。

分子（等式右端项的上面一行）是两个概率 $P(M)$ 和 $P(D|M)$ 的乘积。第一个概率 $P(M)$ 是在任何事情发生之前模型为真的概率，也就是飞机失事的统计概率或艾米对她遇到的任何人是坏人的概率估计，后者大约为二十分之一，这是艾米在去洗手间之前就知道的。第二个概率 $P(D|M)$ 关系到在洗手间里发生了什么。也就是雷切尔真是个坏人，她在背后对艾米说三道四的概率，或者也可以说，$P(D|M)$ 是在模型为真的情况下，我们观测到数据 $D$ 的概率。这个数值很难估计，但我们假设：$P(D|M) = 0.5$。即便雷切尔真是个坏人，她也不会每次去洗手间的时候都说同学的坏话，我们假设坏人在 50% 的情况下谈论的是别的事情。

我们将分子中的两个概率相乘，即 $P(D|M) \cdot P(M)$，就得到了这两件事同时成立的概率。假如我掷出两个骰子，想知道两个骰子都是 6 点的概率，那么我将第一个骰子掷出 6 的概率 1/6 乘以第二个骰子掷出 6 的概率 1/6，就得到两个骰子均为 6 点的概率，这就是乘法原理。它同样适用于艾米的问题：分子中的 $P(D|M) \cdot P(M)$ 表示雷切尔是个坏人且在洗手间对艾米说三道四的概率。

虽然公式 2 的分子将雷切尔视为坏人，但我们还必须考虑雷切尔不是坏人的可能性，我们在分母（等式右端项的下半部分）中考虑了这一情形。雷切尔可能是个嚼舌根的坏人（$M$），也可能是一个犯错的好人（$M^C$）。上标 C 表示补集，在这种情况下，补集表示雷切尔不是坏人。请注意，分母中的第一项与分子相同，第二项 $P(D|M^C) \cdot P(M^C)$ 表示雷切尔不是坏人，只是一时没管住嘴说三道四的概率，乘以本来就很友善的可能性。通过除以所有可能

性的总和，我们给出了对艾米在卫生间所听到的内容的所有解释，也就是得到了在给定数据的情形下模型为真的概率$P(M|D)$。

如果雷切尔不是坏人，那么$P(M^C) = 1 - P(M) = 0.95$。我们现在需要考虑好人犯错的概率。雷切尔可能那一天心情很糟糕，我们每个人都会有这样的经历。我们记$P(D|M^C) = 0.1$，也就是说平均每10天有一天心情很糟糕，可能会说出一些伤人的话。

现在所要做的就是进行图2–1所示的计算。和之前列举的飞机失事的例子一样，但这一次的数值有所不同：

$$P(M|D) = \frac{0.5 \cdot 0.05}{0.5 \cdot 0.05 + 0.1 \cdot 0.95} \approx 0.21$$

雷切尔是个坏人的概率约为1/5，这就是为什么艾米应该原谅雷切尔：她是个好人的概率为4/5，单凭一件事来评价她是不公平的。艾米没必要提起她不小心听到的雷切尔在卫生间所说的话，也不要让这件事影响她与雷切尔的交流。她应该等一等，看看接下来如何发展，她们有80%的可能性会在大学毕业时将卫生间事件一笑了之。

我还要给躲在洗手间隔间里的艾米再提一个建议。也许那天早上她听到雷切尔对她的冷嘲热讽时会非常低落。之前她们一起学习时，艾米可能确实没有完全集中精力，而且艾米本不应该午饭后在洗手间隔间里玩手机。但请记住，贝叶斯会宽恕错误，艾米对自己也应该采用和对雷切尔完全相同的准则。贝叶斯规则告诉她要慢慢调整对自己的看法，不要因某些特定事件而意志消沉。

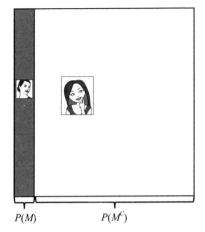

在获得数据之前，我们已经有了一个关于世界的模型 $M$

两个矩形的面积分别表示我们的模型正确的概率 $P(M)$ 和错误的概率 $P(M^c)$

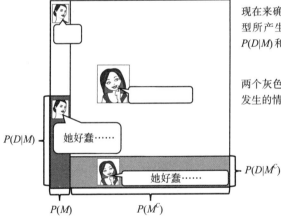

现在来确定一下每种模型所产生数据的概率：$P(D|M)$ 和 $P(D|M^c)$

两个灰色矩形表示实际发生的情况

她好蠢……

$P(M|D)$ 就是灰色小矩形与两个矩形的面积和之比，可以通过公式 2 算出来

图 2-1 贝叶斯定理的图像展示

你的所有行为塑造了你，而不仅仅是那一两个错误。贝叶斯要求你对他人保有理性的宽恕，对自己也是如此。

*

我们从贝叶斯规则学到的第一课是评价公式，这个公式告诫我们不要轻易就得出结论，而要三思而后行。我在之前的例子中使用的具体数字确实会影响结果，但不会影响逻辑。你可以试着想一下：你认为总体上来说有多少人是比较友善的？那些友善的人又多久会犯一次错？坏人多久会做一些坏事？将你自己的感觉数据代入公式中，你也将得到相同的结论：我们不能仅仅因为一句不好听的话，就认为某人是一个"贱人"。

有时我老板行事不妥，有时我的学生似乎缺乏专注力，有时与我合作的一位研究者想窃取我的创造性想法，有时我所在委员会的领导效率低下，浪费我的时间进行毫无意义的邮件交流。在这种情况下，我就会使用评价公式。这并不意味着我要通过计算来得到我的每个同事都很混账、无法专心做事或组织能力低下的可能性，我只是在用评价公式告诉自己尽量不要让某个个体事件决定我的感受。如果我发现与我一起工作的人犯错了，那么我会静观事态发展，因为结果也很可能是我错了。

在《傲慢与偏见》中，达西先生告诉伊丽莎白·贝内特，一旦失去了他的好感就会永远失去。在回信中，贝内特小姐说道："无法抚平的怨气是性格的阴影。"简·奥斯丁的措辞谨慎而正确。甚至在批评达西时，贝内特小姐也保持克制，将他的怨恨视为淡淡的阴影，而不是深深的污点。在评判对他人看法时的谨慎，才是出色判断力的标志。

*

如果不了解拜十会的历史和哲学，我们就无法理解拜十会。拜十会充满了一小群人将理性思考的秘密代代相传的故事。他们提出了一些大问题，想知道如何更清晰、更准确地思考，希望能够评估我们所说的话的真实性，他们甚至会探究正确或错误到底意味着什么。他们关心真正的大问题：现实的本质是什么？我们在现实中处于什么位置？

这也是一个关于宗教的故事，关于对与错的故事，同时还是一个关于善与恶的道德话题。

我们的第一个故事发生在 1761 年，理查德·普莱斯博士刚刚发现了一位近期亡故的朋友的论文，这篇论文将数学符号和哲学思考结合在了一起。它让读者思考这样一件事："一个刚来到这个世界上的人是如何通过自己的观测收集事件的规律和过程的？"文章里问，这样一个人在看到他人生中的第一次日出、第二次日出和第三次日出后应该做出怎样的推理。关于太阳每天升起的概率，他应该得出什么结论？

这篇文章得出了一个令人印象深刻的结论。每天都能看到太阳升起并不能使新来到这个世界的人相信太阳每天都会升起。相反，这使得他对太阳升起这件事相当谨慎，即使在看了一百次，甚至一辈子日出之后，也是如此。我们不应将任何事视为理所当然。

这篇文章的作者，也是理查德的朋友，就是托马斯·贝叶斯。他阐述了如何根据事件的历史数据来估计事件再次发生的概率。贝叶斯建议刚来到这个世界的人用参数 $\theta$ 来表示他对日出概率的估计。在看到第一次日出之前，此人没有任何关于太阳的知识，因此认为 $\theta$ 取所有值都是等可能的。此时我们可以认为太阳每天都会升起（$\theta = 1$），太阳隔一天升起（$\theta = 0.5$），或者隔 100 天升起一次（$\theta = 0.01$），这些假设都是可以接受的。尽管 $\theta$ 一定在 0 到 1 之间（所有概率都必须小于或等于 1），但是它仍然可以取无穷多个值，可以是 0.856 7、0.123 479 2、0.999 99 等。我们可以通过调整小数点来达到任意精度，只要保证 $\theta$ 的值在 0 到 1 之间就行。

为了解决精度问题，贝叶斯建议此人为每天日出的可能性设置一个最小值。如果他认为每天至少有 50% 的机会会看到太阳，那么他应该设置 $\theta > 0.5$。如果他认为日出的机会大于 90%，则应设置 $\theta > 0.9$。现在设想，在看到 100 次日出之后，这个人认为太阳在 100 天中有超过 99 天会升起，因此他估计 $\theta > 0.99$。我们可以用 $P(\theta > 0.99|100$ 次日出$)$ 表示他这个估值正确的概率。贝叶斯使用公式 2 的另一个版本证明了在不同的精度水平下，都有 $P(\theta > 0.99|$连续 100 次日出$) = 1 - 0.99^{100+1} = 63.8\%$。[2] 因此这个人只有 36.2% 的可能性是错的，在那种情况下太阳升起的频率比他想象的要低。[3]

如果此人已经在地球上生活了 60 年，每天都看到日出，那么他可以确定太阳每天都会升起这件事发生的概率超过99%。但是，如果他声称日出发生的可能性超过了99.99%，我们就必须稍微注意一下了。$1 - 0.999\,9^{365 \times 60 + 1} = 88.8\%$，这意味着此人仍然有11.2%的可能性是错的。贝叶斯要求新世界的来访者描述他的模型，也就是他认为$\theta$的最小可能值，然后告诉他，他的假设正确的可能性。

理查德·普莱斯意识到贝叶斯公式与18世纪关于奇迹的辩论有关。普莱斯和贝叶斯一样，都是牧师，普莱斯对如何用《圣经》中的奇迹来解释新的科学发现非常感兴趣。

10年前，哲学家大卫·休谟论证道："没有任何证言足以证实一个神迹，除非该证言的反面比它力图确立的事实更为神奇。"[4]休谟的论点可以看作对评价公式的一种支持。它要求我们将发生奇迹的模型$M$与没有发生奇迹的模型$M^C$进行比较。休谟认为由于我们从未见过奇迹，因此$P(M^C)$几乎等于1，而$P(M)$很小。因此，我们需要一个真实的、令人信服的奇迹，一个$P(D|M)$很高且$P(D|M^C)$很低的奇迹，才能使我们相信相反的事实成立。休谟的论点与我在本章开始时讨论的关于飞机晃动的论点相似：我们需要非常有力的证据来说服我们本来非常可靠的飞机将要坠毁，我们也需要非常有力的证据来说服我们耶稣曾死而复生。

普莱斯发现休谟的推理"完全没有道理"[5]，休谟误解了贝叶斯。贝叶斯解释说，休谟必须对他所说的$\theta$——发生奇迹的可能性——做出更为精确的描述。[6]即使是相信奇迹的人也不相信每天都会发生奇迹。为了使论点更具体，假设普莱斯要求休谟陈述自己对奇迹发生频率的看法，休谟觉得奇迹发生的频率最多为每1 000万天（也就是27 400年）一次，因此 $\theta > 99.999\,99\%$。[7] 假设普莱斯认为 $99.999\,99\% > \theta > 99.999\%$，也就是奇迹发生的频率为每274年中不超过一次，但每27 400年中又至少发生一次。现在我们已经知道的是在2 000年内没有任何奇迹发生，在给定的数据下，休谟正确的概率约为7.04%，普莱斯正确的概率约为92.89%。即使几千年来没有奇迹发生，当前的证据也不足以表明世上不存在奇迹。显然，一个人一生的时间是不足以采集足够的数据来支持休谟的说法（世上不存在奇迹）的。

理查德·普莱斯带领拜十会走上了基督教道德之路。他相信基督曾复活，并且用理性的论据反驳了质疑。普莱斯坚信逻辑思考可以揭示我们日常经验中隐藏的关于这个世界的真相，上帝的存在就是其中之一。

两千年前，希腊哲学家柏拉图提出洞穴寓言，将没有批判思维的人形容为一群被束缚在洞穴中的人，他们只能看到阴影，即外面更真实、更具有逻辑的世界的投影。柏拉图的寓言经常被用来解释数学拥有的强大力量，普莱斯也十分看重它。他认为我们要先承认洞穴内的投影不是现实，之后才能发现新的真理。我们的日常经验是一个更真实世界的表层体现，借助独立于数据的模型，通过更清晰地思考世界的真实形态，我们就可以更清晰地思考混乱的情况，更理性地认识我们的日常生活。

普莱斯所设想的拜十会是由他的宗教信仰和柏拉图的形而上学组成的。[8] 他认为数学中包含着道德，也含有对待生活的正确和理性的方式。他不仅口头上如此宣扬，还将其付诸实践。他制作了预期寿命表，据此设计的保险支付方式在人寿保险业被沿用了将近一个世纪。[9] 他希望通过自己的工作可以保护穷人免受不确定性的影响，并认为当时几乎所有的担保公司都无法履行其未来的义务，因此需要改善其策略。[10] 普莱斯是美国革命的热心支持者和本杰明·富兰克林的密友，他认为美国有机会建立一个基于自由原则、平等的土地所有权、公平分配的政治权力的制度。[11] 理查德·普莱斯认为，美国将成为一个能让兼顾宗教与理性的拜十会蓬勃发展的国家。

当代的拜十会实践者很少谈论道德，只有少数人信仰基督教，但是许多人继承了普莱斯的价值观：精算师精心计算你岳父的汽车保险费；政府官员规划着我们的退休金，并设定利率；联合国的科学家制定发展目标；气候学家估算未来 20 年气温上升的不同可能性；专业的医疗工作人员在医疗风险和医疗费用之间找到平衡。他们利用贝叶斯的结论来建立一个更加有序、公平，且结构更为优化的社会。他们帮助我们分担风险和不确定性，这样，当一件可怕而罕见的事降临到某个人身上时，我们其他人所做的贡献就足以弥补其损失。

评价公式引导着拜十会成员为所有人的利益而行动。从普莱斯的角度来看，好的判断力要求我们既要宽容又要体谅他人，它告诉我们不应该不相信奇迹的存在。它表明，这十个公式中至少有一个使我们走上了正义之路。

\*

听众安静地坐在听众席，等待当天的活动开始，比约恩的脸上明显带着紧张的表情。在过去的 5 年里，他一直从事学术研究，把自己全部投入对真理的追求中。我是他博士期间的导师，指导他去实现自己的目标。现在，他站在同学、同事和答辩委员会的面前，准备开始他的博士论文答辩了，他的朋友和家人在下面当听众。

让比约恩感到紧张的正是听众的多样性和他富有挑战性的研究领域。他的论文有一章名为"瑞典的最后一夜"，是对他的国家的移民和暴力犯罪之间联系的研究。在另一章中，他探讨了一个反对移民的民粹政党——瑞典民主党——在过去 10 年中是如何在这个以自由社会主义闻名的国家中成为执政党的。

对于答辩委员会和坐在听众席的数学家来说，这是一篇关于统计方法的博士论文。对于他的联合培养导师——经济学教授兰朱拉·巴利·斯温（Ranjula Bali Swain）而言，比约恩的论文旨在解释全球文化融合所带来的影响，斯温本人的研究领域从可持续发展到小额信贷如何使女性摆脱贫困等，涉猎广泛。比约恩的家人们和朋友们则想知道他对不断变化的瑞典的看法。他们的国家正在从只有维京人居住的地方转变为阿富汗人、厄立特里亚人、叙利亚人、前南斯拉夫人和英国人共同居住的多元文化熔炉。

比约恩担心自己会为了取悦不同的人而得不偿失。瑞典博士学位的答辩要求提问方阅读论文并与答辩人讨论，提问人还需要介绍研究背景。比约恩的提问人是来自英国杜伦大学的伊恩·弗农

（Ian Vernon）。

伊恩从贝叶斯定理开始了他的演讲。尽管本章中的范例仅关注了对一个模型或一个参数的测试，但科学家通常会建立多个不同的假设。伊恩面临的挑战是为所有这些可能的模型确定一个概率。没有任何假设是百分之百正确的，但是随着证据的积累，某些模型会变得比其他模型更合理。他通过举例来论证，先从寻找油藏开始。石油公司使用伊恩和他同事开发的专利算法来寻找可供长期开采的最佳油藏。然后他转到了健康主题，当研究人员试验一种旨在消除疟疾或艾滋病的干预措施时，他们首先会创建数学模型来预测该措施的效果，比尔和梅琳达·盖茨基金会就在使用伊恩的方法来规划消灭疾病的项目。

最后，伊恩开始讨论人类最根本的问题之一。在宇宙的早期发生了什么？大爆炸之后，最初的星系是如何形成的？什么样的模型可以解释我们今天观测到的星系的大小和形状？通过找到17个不同参数的可能值，伊恩排除了关于早期宇宙的几个模型，这些参数决定了星系是如何扩展到太空中的。[12]伊恩的演讲完美平衡了观众的口味，展示了数学方法的强大功能和广泛的应用。比约恩的家人和朋友看着银河系旋转和碰撞的模拟大吃一惊，这是关于宇宙早期演化的可能模型，其参数是使用贝叶斯定理得到的。

现在轮到比约恩介绍他的工作了，对宇宙规模的介绍可能会使这位已经很紧张的博士生不堪重负，比约恩可能会担心自己对斯堪的纳维亚某个国家的研究范围没有伊恩那么大。但是，当我看向比约恩的时候，我发现他情绪放松并且信心十足。我回望观众席看他的父母时，也看到了他们脸上的骄傲。布洛姆奎斯特夫妇可能认为，这些都是用比约恩一直在学习的数学知识来完成的。他们的比约恩已经掌握了这些技能：关于宇宙的数学。

其实社会的变化与宇宙的起源一样复杂，尽管它们的方式截然不同。比约恩主要展示了如何通过地理位置来解释反对移民的瑞典民主党的崛起。某些地区的选民更倾向于支持民主党，尤其是斯科讷最南端以及达拉纳中部的某些地区，而令人惊讶的是，这些地区并不是移民人数最多的地区。显然，并不是新移民的涌入引起了更多的民怨，反而是农村地区，特别是受教育水平较低的地区，更支持民主党。

比约恩完成演讲后，伊恩和论文委员会对他进行了提问，伊恩和委员会中的其他数学家想知道比约恩将模型与数据进行比较的技术细节。兰朱拉的经济学家同事、委员会成员林·莱尔波德（Lin Lerpold）指出了比约恩研究的一些重要的局限性，主要是因为比约恩还没有完全了解反移民情绪的根源，他虽然研究了当地社区的变化模式，但他不了解居住在这些社区中的人们的想法。只有进行深入的访谈和问卷调查之后，才能够全面回答林的问题。

委员会的提问虽然严格，但很公正，他们的结论是一致的，比约恩通过了答辩。他正式加入了贝叶斯精英学派。

*

在过去的几十年中，贝叶斯定理改变了人类科学研究和社会科学研究的方式，它要求我们以科学的方式看待世界。实验学家收集数据（$D$），而理论学家则针对这些数据建立假设或模型（$M$），贝叶斯定理将这两部分有机结合在了一起。

请思考以下科学假设：手机的使用不利于青少年的心理健康。在我家，这是一个备受争议的问题，我们家有两个青少年整天沉溺于手机（实话说，还有两个成年人）。在我小的时候，父母总是关心我在哪里，在做什么。我和妻子没有这个困扰，倒是会担心孩子花太多时间坐在沙发上盯着散发着柔和蓝光的屏幕。以前的父母经常会问诸如"为什么你没准时回家？和谁在一起玩？"等问题，我们这一代就不会问了。

社会学家克里斯汀·卡特（Christine Carter）博士写了几本关于如何养育孩子和提升效率的自助书，她反对过度使用手机，曾写道："花太多时间玩手机很可能是青少年抑郁症、焦虑症和自杀持续增加的原因。"她刊登在加州大学伯克利分校的《至善杂志》上的文章分两步对该观点进行了论证。[13] 首先，卡特引用了一项针对父母的调查，其中近一半的人认为他们处于青少年时期的孩子"沉迷"于移动设备，其中50%的人担心这会对他们的心理健康产生负面影响。第二步她引用了来自英国的120 115名青少年的调查数据，在这项调查中他们回答了14个有关他们的幸福感、生活满意度和社交生活的问题。问卷调查得到的结果显示，如果以每天一小时为阈值，花在智能手机上的时间超过这一阈值的孩子的心理健康状况较差。换句话说，孩子使用手机越多，就越不快乐。

听起来很有说服力，是不是？我必须承认，当我第一次阅读这篇文章时，我被说服了。该文章的作者具有博士学位，文章也发表在世界一流大学的杂志上，并使用了经过同行评审的科学且严格的调查数据来支持其论点。但是这个论证里面存在一个大问题。

克里斯汀·卡特仅仅得到了评价公式中的分子。为了描述父母的恐惧，她第一步给出了一个类似于 $P(M)$ 的量，也就是父母认为玩手机的时间对心理健康的影响程度。她的第二步是证明当前数据符合这些父母的假设，也就是说 $P(D|M)$ 相当大。但是她忽略了其他模型对青少年健康状况的解释。她得到了公式 2 中的分子，但没有告诉我们分母是什么。卡特并未告知我们备择假设得到目前结果的概率 $P(D|M^C)$，因此没有提供关于 $P(M|D)$ 的任何信息。我们不清楚手机的使用对青少年抑郁的影响究竟有多大，而这正是我们想知道的。

加利福尼亚大学欧文分校心理学教授康迪斯·奥杰斯（Candice Odgers）填补了卡特研究的空白，并在《自然》杂志上发表了评论文章，她得到了一个截然不同的结论。[14] 她在这篇评论的开头承认：在美国的调查数据中，12 岁到 17 岁的女孩患抑郁症的比例从 2005 年的 13.3% 增加到 2014 年的 17.3%，同龄男孩抑郁的比例也上涨了，不过幅度小一些。毫无疑问，在这一段时间，手机的使用量大幅上涨，关于这一点我们不需要统计数据的支撑就能达成共识。奥杰斯和克里斯汀·卡特均没有质疑关于英国青少年研究的数据，该数据表明，重度手机用户患抑郁症的数量有所增加。

奥杰斯指出，尽管如此，但她也有其他合理假设能够解释年轻人的抑郁症。在测试影响心理健康状况的因素时，早餐不规律或每天睡眠不足等因素所占比重是过度使用手机这一因素的三倍。[15] 套用贝叶斯定理的话，早餐和睡眠是可以解释抑郁症的备择模型，并且这些模型为真的概率 $P(D|M^C)$ 很大。如果将这些模型放入贝叶斯定理的分母中，它们将会超过分子，导致手机使用率与抑郁症相关的概率 $P(M|D)$ 发生变化——虽然不能完全忽略不计，但小到不足以解释青少年的心理健康问题。

而且，你还会从一些研究中发现，青少年使用手机也有大量好处。大量研究表明，孩子们用手机建立联系，有助于创建持久的社交网络。对于大多数中产阶级的孩子（这是玩手机时长问题通常关注的对象）来说，手机提高了他们建立真正且持久友谊的能力，这不仅是线上的友谊，也包括来自现实生活中的友谊。康迪斯·奥杰斯在她的文章中指出，问题主要出现在来自弱势家庭的孩子身上。来自较为贫困家庭的青少年更有可能就社交媒体上发生的事情发生争执，在现实生活中被霸凌的孩子也更有可能受到网络暴力的伤害。

我的孩子与世界各地的人们保持着联系，他们经常在线上交流新的想法。我在前几周还无意中听到了埃莉斯和亨利在讨论邦戈鼓和文化挪用。

埃莉斯说："这是基本的尊重，如果有人告诉你，你因演奏他们的民族音乐而让他们感到冒犯，那么你就不应该再这么做了。"

"那埃米纳姆是文化挪用吗？"亨利反驳。

我们这代人在十三四岁时不太可能和兄弟姐妹进行这样的讨论，甚至如今也不会。然而，出生于 21 世纪初的孩子们则可以通过网络获取重要的思想和信息，这是我们这代生长于 20 世纪七八十年代甚至 90 年代的人所无法理解的。

*

下面我再来聊一聊艾米和雷切尔，之前我省略掉了一些重要的事情。

我在之前例子中使用的数据——平均 20 个人中有一个是坏人、坏人有 50% 的时间很坏、即便是好人也可能每 10 天就有一天情绪不佳——不仅有些武断，而且相当主观，因为这些情况因人而异。根据你自己的生活经历，你和艾米对别人的信任度也是不一样的。对人性善恶的判断与飞机坠毁截然不同，后者是一个可怕的客观事实，而艾米看待新同学或者我对同事进行分类的方式完全基于我们对熟人的主观经验，其实并不存在客观衡量一个人是卑鄙还是讨厌的方法。

艾米故事中的数据确实是主观的，但这也是我们需要强调的：贝叶斯定理不仅适用于客观概率，对于主观概率依然适用。只要我们可以给出数据（这些数据并不需要完全准确），那么贝叶斯定理就可以对这些数据进行推理。虽然我们可以更改数据并获得不同的结果，但是不变的是贝叶斯定理所蕴含的逻辑。

这些假设被称为先验知识。在公式 2 中，$P(M)$ 是模型为真的

先验概率。在很多情况下，先验概率可以从主观经验中得到。但 $P(M|D)$，即在我们观测到当前数据的情况下，模型为真的概率，是我们无法决定的。因此，这类计算必须遵循贝叶斯定理。

很多人认为数学是完全客观的，但实际并非如此。数学是一种表示和论证世界的方式，有时我们论证的事物只有我们自己清楚。最后可能没人能真正了解或者在乎艾米是否认为雷切尔是坏人，整个思考的过程可能永远隐藏在她的脑海中。

回想一下我通过电影认识世界的方式——我每天都在脑海里播放这些电影，其中有些是非常私人的。这些画面里可能有对我妻子的担心，对我女儿未来的考虑，又或者包含我带领儿子的五人足球队取得胜利，并最终赢得了校园杯冠军，或者我幻想有一天自己能成为畅销书作家。我不需要告诉你有关它们的任何事情，因为它们完全属于我。评价公式无法告诉我们哪些电影值得收藏或者我们应该幻想些什么，它只会告诉我们应该如何用理性思维分析这些幻想，因为每部"电影"都是关于这个世界的模型。评价公式让我们不断赋予每个幻想一个相关的概率，但是并不能告诉我们应该幻想哪些事物。

伊恩·弗农在比约恩博士答辩后的庆功宴上对我说："许多人，包括一些数学家和科学家，都没有意识到贝叶斯定理的真正力量在于它促使你在进行实验性研究之前和之后转变思考方式。它要求你将论点分解为不同的模型，然后寻求支撑每个模型的数据。你可能会认为这些数据会支持你的观点，但是你必须诚实地提醒自己，在进行实验之前，你对该假设成立抱有多大的预期。"

我也十分同意。伊恩是在一般的意义上谈论这一点。让我们回想一下比约恩的答辩以及他利用贝叶斯定理来解释瑞典政治中极端主义兴起的过程。在这个项目中，我与比约恩一起研究了所有细节，了解了导致人们投票支持民粹政党的所有因素。现在，我试着将相同的方法应用于我的家庭生活中的问题。我不是心理健康专家，也不是手机专家，但是评价公式为我提供了一种解释他人研究结果，并比较科学家提出的不同论点的方式。我使用贝叶斯定理去验证每个人的论点是不是理性判断的结果。研究人员在关心自己模型的同时是否还关注了备择模型？康迪斯·奥杰斯兼顾了她论点的各个方面，但克里斯汀·卡特只考虑到了对模型的一种解释。

看到所谓的亲子教育和健康生活领域的专家提出的建议被大家不加批判地接受时，我通常会比较失望。就像那些无知的赌徒向我寻求有关接下来的大型比赛的投注建议一样，他们只看到了最新的研究结果，却没有意识到养成健康、平衡的生活方式需要长期的坚持，就像如果想在赌博上挣钱需要长期策略一样。

不过，对于克里斯汀·卡特而言，陈述她所研究模型的各个方面并非她单方面的责任。你可能认为我持这种观点很奇怪，因为我发现她的工作具有某种误导性，但我也意识到她的观点反映了包括我自己在内的许多父母的担忧。她引用的数据是真实的，而且她也给出了论证，我们不能要求她也对备择假设提供论证。

在很大程度上，检查模型的有效性是我们的责任。我在阅读评论文章时，会检查作者（不论其资历如何）是否把公式中的每一项都清楚无误地给出来了。我自己也是一名家长，对我来说要想更全面地了解电子产品在我们生活中所起的作用并不难。我阅读的所有文章都可以在线免费获得，我花了两个晚上把它们下载下来并且读完。了解了论证过程之后，我与我十几岁的孩子讨论了结果。我告诉他们，睡个好觉和吃早餐对他们的心理健康而言要比他们对手机上瘾这个因素重要 3 倍。我和他们解释了这是什么意思，也强调了这并不意味着他们应该每天晚上躺在沙发上看视频网站。锻炼和社交活动也同样重要，他们绝不应该在卧室里沉溺于手机，我认为埃莉斯和亨利能够理解这一点。

不加批判地接受各种育儿经验的人，在听到其他科学家，例如康迪斯·奥杰斯所采取的更为折中的观点时，可能会产生怀疑。科学家从各个角度论证一个观点，很可能会被认为是对自己的结论不够确信。学术界积极讨论诸如气候变化、不同饮食的优点和犯罪原因等话题，这样的讨论以及对所有潜在假设的比较，并不表示参与这些讨论的人优柔寡断。相反，这是周密而强大的表现，这是考虑了所有可能性，因而拥有优势的表现。

*

这个世界上充满了提供建议的人：如何在工作和家庭中进行权衡，如何保持冷静专注，如何成为一个更好的人，如何挑选理想的工作，如何挑选完美的合作伙伴，如何选择美好的生活，开始一份新工作时要做的 10 件事，不能做的 10 件事，最重要的 10

个公式……

用瑜伽保持镇定，正念冥想，呼吸放缓。老虎、猫和狗，大众心理学和进化行为。成为穴居人、狩猎专家或者希腊哲学家。关掉，连接，平静下来，充电。站直腰板，永不说谎。适当的饮食能助你长寿。活得随性一些，你会永远快乐。现在就做，而且要快。

所有这些建议都缺乏条理，重要的信息常常混杂在观点和废话中，而评价公式可以帮助你把这些信息组织起来进行评估。它把每条建议（不管你是否需要）变成可以通过数据来测试的模型。我们可以认真倾听他人的意见，列出备选方案，收集数据，做出判断，并且随着数据的积累，适时调整自己的观点。在评判他人的言行时，你也应遵守同一套规则。多给他们几次机会，确保是数据而不是情绪主导了你的决策。如果你遵循贝叶斯定理行事，你不仅可以在生活中做出更好的选择，而且还能赢得他人的信任，你会拥有精准的判断能力。

# 第3章

# 置信公式

$$h \cdot n \pm 1.96 \cdot \sigma \cdot \sqrt{n}$$

拜十会的成员并非都是基于对基督教道德的遵守而遴选出来的。拜十会的准确诞生时间和地点其实是 1733 年 11 月 12 日伦敦的一个朋友聚会上，亚伯拉罕·棣莫弗揭示了赌博的奥秘，早了贝叶斯 30 年。

棣莫弗是一位非科班出身的数学家。他因信奉新教而被法国驱逐出境，但又因法国血统在伦敦倍受排挤。因此，在艾萨克·牛顿和丹尼尔·伯努利等人成为各自领域的教授时，棣莫弗被迫寻找其他的谋生方式。他通过为伦敦的中产阶级家庭男孩补习挣得收入（尽管没有明确的证据，但是据推测年轻的托马斯·贝叶斯是他的学生之一），还会靠咨询补贴家用，主要是在圣马丁巷的老屠夫咖啡馆为赌徒、金融从业者以及像艾萨克·牛顿爵士这样的人提供咨询服务。

棣莫弗在 1733 年 11 月展示的发现比他早先的著作更复杂。

它证明了牛顿发展出的新数学分支——微积分——可以用于确定我们从机会游戏长期获利的信心。最终，他提出的公式成为科学家和社会学家衡量对自己的研究结果有多大信心的基础。但是，为了了解该公式的来源，我们需要置身于棣莫弗所在的环境，下面让我们来了解阴暗的赌博世界。

*

如今，开设一个线上赌场投注账户大约需要两分钟。你只需要填写昵称、地址，最重要的是信用卡的详细信息，然后就完成了。赌博游戏种类繁多，譬如在线扑克，你可以通过在线扑克平台与其他人比赛，平台从中抽取佣金；老虎机，它们就像以前的酒吧里的那种老虎机，分不同的种类，有的叫埃及艳后之墓，有的叫水果与糖果，有的叫众神时代，还有的叫蝙蝠侠大战超人或者顶级足球明星。按下按钮，旋转转盘，如果众神对齐或连续出现足够多的蝙蝠侠，你就能获胜。还有通过视频实时接入的传统赌场游戏，例如黑杰克和轮盘赌，衣着光鲜的年轻男子负责发牌，身着低胸晚礼服的女子负责旋转轮盘。

我在一个知名度较高的在线赌博网站上开设了一个账户，充值了 10 美元，又得到了 10 美元的新账户奖励金，于是我一共有了 20 美元的启动资金。我决定从"众神时代"开始，没有其他原因，只因为它比其他游戏每轮下注所需的金额要少，每轮只要耗费 10 美分，这样我就能多下注几轮。

20轮后，我一共赔了70美分，但感觉好像什么都没发生。我有点儿不想玩这个了，于是我玩起了"顶级足球明星"，转起了包含罗纳尔多、梅西和内马尔的转盘。这个游戏更贵，每次旋转轮盘需下注20美分，6轮过后，我赢了1.50美元！我就快回本了。我又玩了蝙蝠侠大战超人和其他几种轮盘。接下来我发现了一个自动旋转设置，这样我就不用一直去按那个按钮了。但事实证明这并不是一个好主意。转了200轮后，我只剩下13美元。

我开始觉得老虎机没那么物有所值，所以我决定试一试真人娱乐场。我的这张桌子是由20多岁的黑衣女子凯丽管理的。她首先对我表示欢迎，然后就去和另一位客户聊天了。这是一次奇怪的经历。我可以通过键盘给她留言，她也会回答。我首先问道："你那边天气怎么样？"

"很好，感觉春天要来了。"她直视着我回答道，"现在是最后一次下注。祝你好运。"

她常驻拉脱维亚，而且十分外向，她告诉我她去过4次瑞典。一番闲聊后，我问她今天是不是有人赢了很多。

她回道："我们看不到你们下注的数额。"

我觉得自己有点儿傻。因为我每次轮转都下1美元的赌注，只为了不让她觉得我没钱。

我喜欢凯丽，但我觉得我必须再多看一看。我不知道该怎么确切地表达，但是她和她的大多数男同事出现在赌资较小的房里是有原因的。她的举止有点儿局促不安，身上的紧身衣有点儿不那么合身。她并不性感。

赌注更高的房间则不太一样。荷官的礼服领口更低，笑容更迷人。每次转盘开转之前，管理员露西会有意识地抬头看着相机，好像在告诉我这次的选择是正确的。我不得不提醒自己，除了在看我，她也看着来自世界各地的共163名赌徒。

"是的，我有伴侣。但说起来很复杂。"她告诉一名赌徒。她正在回答客户提出的问题。

"哦！我喜欢旅行，"她又和另一个人聊，"我很想去巴黎、马德里、伦敦……"

摄像头换成从上到下的角度，这样在旋转轮盘之前我们就能看见她的双腿。

我开始感到非常不舒服。我需要提醒自己，我为什么会在这里。我带着一个礼貌的年轻人马克斯一起回到了低赌注的房间，他会基于统计知识给出关于投注颜色和数字的建议。显然，他给的策略还不错。

我看了看我的账户余额。我一直在随机玩猜红黑，没考虑太多，让我有点儿惊讶的是，在赌场玩了几小时后，我的余额变成了28美元。今晚我赢了8美元，目前来看进展顺利。

\*

我们该如何区分自己赢钱是因为技艺高超还是因为运气呢？在线上赌场，我知道运气不可能对我青睐有加，尽管经过几个小时的下注，我的余额有所增长。

对于其他游戏，我不知道自己是否有优势。如果我和朋友一起玩扑克，我的筹码会增增减减，但是要到什么时候才可以说我比其他人玩得更好？如果我按照给世界杯下注的方式制定体育博彩策略，那么我什么时候才知道这个策略帮我赢了钱？

这些问题不仅存在于游戏和赌博中，也存在于政治中：我们需要找多少位选民做问卷调查，才能精准预测谁将赢得美国总统大选？这些问题也可能和我们的社会有关：我们如何确定一家公司在雇用员工时是否存在种族歧视的偏见？这些问题甚至可能关乎个人：工作或一段亲密关系应该持续多久才能让我们决定该寻求改变了？

令人惊讶的是，有一个公式可以回答所有这些问题：置信公式。如下所示：

$$h \cdot n \pm 1.96 \cdot \sigma \cdot \sqrt{n} \qquad （公式3）$$

置信度的关键体现在式子中间的加减号上。设想一下，如果你问我每天喝几杯咖啡，我不太确定的时候，我可能会说"4杯，上下浮动两杯"（$4 \pm 2$）。这是一个置信区间，简单扼要地给出了喝咖啡的均值，和在该均值附近的变化。这不是说我就不会喝7杯咖啡（或仅喝1杯），而是说我大多数时候喝的咖啡数量在2到6杯之间。

公式3帮助我们对自己的置信度做出更精确的表述。想象一下，本书的所有读者玩400把轮盘游戏，赌红黑，每把下注1美元。轮盘赌有37个数字：1到36按照红色和黑色交替排列，还有一个特殊的数字是绿色的 0，它使赌盘对庄家更有利。如果一名赌徒下注红色，最后球也落在红色上，他的赌资翻倍的概率为18/37，球没有落在红色上，他赔钱的概率是 19/37。每下注 1 美元，下注者的期望利润为 1·18/37 – 1·19/37 = –1/37，也就是说轮盘每旋转一次带来的平均损失约为 2.7 美分。公式 3 中的平均损失记为 $h$，在我们这个例子里，$h$ = –0.027。轮盘每旋转 400 次，我的每位读者平均净增 $h·n$ = –0.027·400 = –10.8 美元。

下一步是计算平均损失的变化水平。并非每个读者都会输掉（或赢得）同样多的钱。即使不做数学运算，我们也可以看到轮盘赌的每次旋转可能产生的结果存在很大差异：如果我下注 1 美元，那么我要么拿回 2 美元，要么输掉这 1 美元。轮盘转一次后赌资的变化差不多和你的下注金额是同一个量级的，而且要远远大于平均损失 2.7 美分。

我们可以通过计算轮盘每转一次，我们的收入与平均损失的差距的平方来度量这一变化。如果赢得 1 美元，那么这一变化为 $[1 – (–0.027)]^2$ = 1.054 7；如果输掉了 1 美元，那么这一变化为 $[–1 – (–0.027)]^2$ = 0.946 7。由于赢钱的概率大约为 18/37，而输钱的概率大约为 19/37，那么差距的平方的均值为

$$\sigma^2 = \frac{18}{37} \cdot 1.054\ 7 + \frac{19}{37} \cdot 0.946\ 7 = 0.999\ 3$$

我们将 $\sigma^2$ 称为方差。轮盘赌中的方差非常接近于 1，虽然不是精确等于 1。如果轮盘赌是公平的，也就是它只有 36 个数，一半黑，一半红，那么方差就等于 1。

随着轮盘旋转次数的增加，方差也会增加。如果我转两次，方差就会变为两倍。如果转 3 次，方差就会变为 3 倍。因此，转过 $n$ 次后，方差变为 $n\sigma^2$。

请注意，由于我们计算的是最终收入和平均值之间的差距的平方，所以方差的单位是美元的平方，而不是美元。为了得到美元单位下的度量，我们还需要开平方根，这样就得到了标准差，记为 $\sigma$。轮盘转一次，我们得到方差的平方根为 0.999 6。$n$ 的平方根记为 $\sqrt{n}$。因此，进行 400 次轮盘赌赢钱或输钱的标准差为

$$\sigma \cdot \sqrt{n} = 0.999\,6 \cdot \sqrt{400} = 0.999\,6 \cdot 20 = 19.99$$

现在，我们已经搞清楚了置信公式的大部分组件。公式 3 中还有数字 1.96 没有解释。这个数字来自正态曲线的数学公式，正态曲线也就是通常用于描述身高和智商分布的钟形曲线。你可以将正态分布看成一个钟一样的图形，它在平均值处达到峰值（赌 400 次轮盘转，峰值位于 –10.8 处，在对英国男子身高分布的调查中，这一峰值位于 175 厘米处）。[1] 赌 400 次轮盘转，每次下注 1 美元猜红黑的正态钟形曲线如图 3–1 上方所示。

现在设想一下，我们希望我们给出的置信区间包含钟形面积的 95%。这是玩 400 次轮盘赌，95% 的读者输钱或赢钱的区间。数值 1.96 就和这个区间有关。为了包含 95% 的观测值，我们需要使区间长度大于标准差的 1.96 倍。换句话说，公式 3 给出了玩 400 次轮盘赌，我们所得利润的 95% 置信区间，即

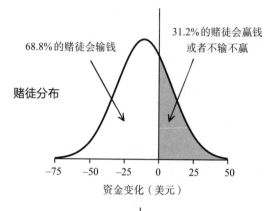

68.8%的赌徒会输钱

31.2%的赌徒会赢钱
或者不输不赢

赌徒分布

资金变化（美元）

玩 400 次轮盘赌，每次
下注 1 美元，最终的收
益及其对应的概率满足
正态分布钟形曲线

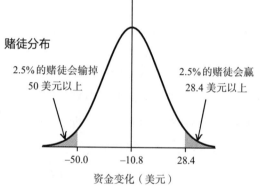

赌徒分布

2.5%的赌徒会输掉
50 美元以上

2.5%的赌徒会赢
28.4 美元以上

资金变化（美元）

阴影部分为置信区间

95%的赌徒会输不到
50 美元、赢不到 28.4
美元

队数

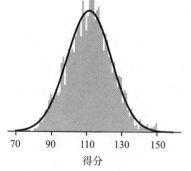

得分

美 职 篮 2018—2019 赛
季常规赛中，每队每场
比赛的得分统计（灰色
条形图）与正态曲线
（黑色实线）的对比

图 3-1　正态分布

$$h \cdot n \pm 1.96 \cdot \sigma \cdot \sqrt{n} = -0.027 \cdot 400 \pm 1.96 \cdot 0.999\,6 \cdot 20 = -10.8 \pm 39.2$$

平均而言，玩 400 次轮盘赌就会损失 10.8 美元，对此我很抱歉。另一方面，±39.2 是一个很宽的置信区间，说明也有一些读者会赚钱。但这些赚钱的赌徒是少数，大概只有 31.2%。如果我和几个朋友去赌场或去看赛马，有时候会出现一个现象，那就是有一位赢家赢了不少钱。这对所有人来讲都是好事，尤其是当他包下了全场酒水的时候。

这是置信公式的关键一课。获胜者可能会觉得自己的策略很聪明，但事实是，几乎总是有 1/3 的人以赢家的身份离开赌场。赢家不应被随机性所欺骗，赢钱通常来说是运气使然，而不是赢家的技艺有多么高超。

*

刚才，我略过了一个重要的细节：我曾说过赌博结果遵循正态曲线的分布，但我没有解释原因，要解释这一点，我们可以追溯到 1733 年亚伯拉罕·棣莫弗在伦敦的演讲。

棣莫弗在他于 1718 年出版的第一本关于赌博的著作《机遇论》[2]中，算出了在纸牌游戏中获得指定序列和在骰子游戏中胜出的概率，例如在 5 张牌中有两个 A，或者在掷骰子时出现两个 6 的概率。[3]他对读者的计算进行全程指导，并添加练习题以增进理解，这些都是赌徒会在老屠夫咖啡馆向他寻求的建议。

在 1733 年的演讲中，棣莫弗让听众思考如何计算抛掷 3 600 次公平硬币的结果。如果抛掷两枚硬币，连续获得 2 次正面向上的可能性可以用两个分数相乘计算：1/2 × 1/2 = 1/4。如果要计算抛掷 5 枚硬币得到 3 次正面向上的概率，总共有如下 10 种可能性（H 表示正面向上，T 表示反面向上）：

HHHTT，HHTHT，HHTTH，HTHTH，HTHHT，

HTTHH，THTHH，THHTH，THHHT，TTHHH

早在 1653 年，布莱斯·帕斯卡就证明了投掷 $n$ 次硬币出现 $k$ 次正面向上的结果总数可以用如下公式表示：

$$\frac{n!}{(n-k)!k!}$$

$k!$ 叫作阶乘，也就是 $k$ 乘以 $(k-1)$ 乘以 $(k-2)$，一直乘到 1，即 $k\cdot(k-1)\cdot(k-2)\cdots 2\cdot 1$。因此在上面的公式中代入 $n=5$ 和 $k=3$，我们得到

$$\frac{5!}{(5-3)!3!}=\frac{5\cdot 4\cdot 3\cdot 2\cdot 1}{2\cdot 1\cdot 3\cdot 2\cdot 1}=10$$

由于硬币正面向上和背面向上的概率都是 1/2，因此抛掷硬币 $n$ 次之后得到 $k$ 次正面向上的概率为

$$\frac{n!}{(n-k)!k!}\cdot\left(\frac{1}{2}\right)^n$$

对于 $n=5$ 和 $k=3$，可以得到

$$\frac{5!}{(5-3)!3!} \cdot \left(\frac{1}{2}\right)^5 = 10 \cdot \left(\frac{1}{2 \cdot 2 \cdot 2 \cdot 2 \cdot 2}\right) = \frac{10}{32} = 0.312\,5$$

也就是说抛掷硬币 5 次得到 3 次正面向上的概率大约为 31.25%。

棣莫弗对这个公式很熟悉，这也是如今广为人知的伯努利分布，但是当 $n$ 很大时，这个公式会非常不实用。如果取 $n = 3\,600$，那么我们要计算 $3\,600 \cdot 3\,599 \cdots \cdot 2 \cdot 1$。试着算一下吧，手动计算是不太可能的，即便用计算机进行计算也不太现实。

棣莫弗使用的方法是，不直接计算乘积，而是研究二项分布的数学形式。他的朋友、苏格兰学者詹姆斯·斯特林不久前向他介绍了一个对大数做阶乘计算的近似公式。棣莫弗使用斯特林公式证明了，随着 $n$ 变大，上面的公式可以近似用以下公式来表示，即

$$\frac{1}{\sqrt{2\pi}\sqrt{n/4}} \cdot \exp\left[\frac{(k-n/2)^2}{n/2}\right]$$

乍一看，这个公式好像比二项分布的方程还要复杂，因为它包含平方根、常数 $\pi$（$3.141\cdots$）和指数函数。但是，棣莫弗的结果最重要的一点是，这个公式不包含阶乘中出现的乘法计算。只需将 $k$ 和 $n$ 的值代入公式中，我们就可以计算抛掷 3 600 次甚至 100 万次硬币的概率值。接下来棣莫弗可以使用对数表或计算尺来解决他的问题，18 世纪的技术足以算出抛掷 100 万次硬币的概率结果。

当晚，棣莫弗就建立起第一个置信区间，他证明抛掷 3 600 次

硬币，得到低于 1 740 次正面向上和高于 1 860 次正面向上的概率大约为 1/21，也就是说，硬币结果落在这两个极端之内的置信区间是 95.4%。[4]

我们今天称上面的公式为正态曲线公式，它是现代统计学中最重要的公式之一。棣莫弗似乎并没有意识到他的公式有多么重要，直到 1810 年皮埃尔–西蒙·德·拉普拉斯才发现了这个公式的全部潜力。拉普拉斯提出了矩生成函数的概念，该方法可以帮助我们根据平均值（叫作一阶矩）、方差（叫作关于均值的二阶矩）以及后续的一系列更高的矩来确定唯一的分布，这些更高阶的矩度量了分布的偏斜和崎岖程度。运用拉普拉斯的矩生成函数还可以研究随机结果（例如轮盘赌和掷骰子）的加和会对分布形状造成什么变化。拉普拉斯展示出了一些真正令人印象深刻的东西：不管是对哪些随机量求和，随着求和数量的增加，各阶矩总是越来越接近于正态曲线相应的矩。

学术界花了几年时间才解决拉普拉斯结果中的一些异常（我们将在第 6 章中讨论其中的一些异常），20 世纪初，苏联数学家亚历山大·李雅普诺夫（Aleksandr Lyapunov）和芬兰数学家亚尔·瓦尔德马·林德伯格修正了拉普拉斯的初始证明中的一些不严格之处，之后林德伯格于 1920 年最终证明了中心极限定理（CLT）。[5]它表明每当我们将大量独立的随机测量值相加时，假设每个测量值都具有均值为 $h$、标准差为 $\sigma$ 的分布，那么这些测量值的总和的分布为正态分布，均值将为 $h \cdot n$，标准差为 $\sigma\sqrt{n}$。[6]

为了充分理解此结果，请考虑以下几个例子。将掷 100 次骰子的结果相加，它们将符合正态分布。将掷骰子、纸牌、轮盘赌或在线赌场的结果叠加，它们也将符合正态分布。美职篮比赛中的总得分呈正态分布（如图3-1底部所示）。[7]农作物产量呈正态分布。高速公路上汽车的速度呈正态分布。[8]我们的身高、智商和性格测试的结果都呈正态分布。

只要是多个不同的随机因素加起来产生的最终结果，我们都可以从中找到正态分布，因此，公式3可用来建立对任何重复动作或重复观测的结果的置信区间。

*

在第1章中，我展示了拥有3%优势的赌徒如何在短短一年内将1 000美元的启动资金变成5 700万美元。通过投注和再投注，资金呈指数增长。现在，我假想中的赌徒（我叫她丽莎）遇到了一个不可避免的难题：丽莎怎么知道自己有3%的优势？

政治和体育预测网站538（FiveThirtyEight）的创始人和主编内特·西尔弗（Nate Silver）用"信号"和"噪声"的理论来解释这些现象。[9]在体育博彩中，一次投注的平均利润（或亏损）值，也就是公式3中的$h$，就是信号。如果丽莎拥有3%的优势，那么平均每1美元的投注将赢得3美分的利润。每下一注的噪声由标准差$\sigma$衡量，就像轮盘赌中的噪声一样，体育博彩中的噪声与赌注大小相当。如果丽莎以1/2的赔率为一支球队下注1美元，那么她要么输掉1美元，要么赢得50美分。我们可以使用第64页的公式来算出该投注的标准差为 0.71 美元。[10] 在一次下注中，由标准差（$\sigma = 0.71$）决定的噪声几乎是信号（$h = 0.03$）的 24 倍。我们说这种情况下的信噪比为 $h/\sigma = 0.03/0.71 \approx 1/24$。

赌场知道它有优势，因为它制造的轮盘——信噪比为 1/37——更利于自己获利。丽莎需要依靠过去的表现来判断自己是否拥有优势，这是置信公式在职业博彩中最重要的应用。如果丽莎每笔赌注的利润为 $h$ 美元，而每笔赌注的标准差为 $\sigma$，那么把公式 3 除以 $n$，即可得出其优势 $h$ 的 95% 置信区间为：

$$h \pm \frac{1.96 \cdot \sigma}{\sqrt{n}}$$

如果丽莎进行了 $n = 100$ 次下注，每一注平均收益为 3 美分，那么这个置信区间为

$$0.03 \pm \frac{1.96 \cdot 0.71}{\sqrt{100}} = 0.03 \pm 0.14$$

她的优势可以达到 17 美分，也可能是输掉 11 美分。所有在 –0.11 到 +0.17 之间的数值都有可能是她的优势，尽管也可能是输掉的优势。100 次投注能传达的信息还是不够，这并不能帮她确定自己的策略是否奏效。

置信区间包括 0，因此丽莎不能确定自己的信号 $h$ 是不是正的，也就无法得知她的策略是否有效。有一条简单的经验法则可以帮助我们确定为了从噪声中可靠地检测出一个信号需要多少次观测。首先，我们将数值 1.96 替换为 2：因为对于经验法则而言，

用 2 还是用 1.96 得到的结果之间的差异很小。现在，我们重新根据置信公式计算出在什么条件下置信区间中不包含 0，于是我们得到[11]：

$$\frac{h}{\sigma} > \frac{2}{\sqrt{n}}$$

做 $n$ 次观测可以使我们探测到信噪比为 $2/\sqrt{n}$ 量级的信号。下面我将在表格中列出一些值，以此表明这个规则是如何运作的。

表 3–1　做 $n$ 次观测可以使我们探测到信噪比为 $2/\sqrt{n}$ 量级的信号

| 观测次数 ($n$) | 16 | 36 | 64 | 100 | 400 | 1 600 | 10 000 |
|---|---|---|---|---|---|---|---|
| 探测到的信噪比 ($2/\sqrt{n}$) | 1/2 | 1/3 | 1/4 | 1/5 | 1/10 | 1/20 | 1/50 |

要想在博彩和金融上取得优势，需要有接近 1/20 甚至是 1/50 的信噪比，因此需要数千甚至数万个观测值才能检测到。对于 $h/\sigma = 1/24$，也就是丽莎进行体育博彩的信噪比，她需要进行 $n > 2\ 304$ 次的观察。要进行超过 2 000 次观测就需要经历很多场的足球比赛。如果丽莎认为自己在英超联赛投注市场上拥有 3% 的优势，那么她需要 6 个赛季的数据才能确定这一点。

6 年的时间已经足以让其他赌徒注意到她的优势，并跟随她，马修·贝纳姆和托尼·布鲁姆的庞大博彩业务一直在寻找机会，一旦这两个大公司进入，庄家就会调整赔率，优势也就慢慢消失了。丽莎面临的风险是她没有意识到自己的优势正在逐渐消失：要确认存在优势，需要投注超过 1 000 场比赛。要意识到优势已经消失，可能需要付出同样昂贵的代价。现在，利润无法维持指数级增长，开始呈现指数级下降的趋势了。

　　大多数业余投资者仅仅能模糊地意识到，他们需要将信号与噪声分开，但很少有人能根据置信公式了解到 $n$ 的平方根的重要性。例如，要检测到一半强度的信号，就需要 4 倍的观测值，如果优势减半，那么你需要进行观测的数量就要从 400 增加到 1 600。我们通常很容易低估在市场上发现微小优势所需的数据量。

*

　　我在柏林的时候给扬打过一次电话，问他和马里乌斯近况如何。他表示一切顺利，顺利到马里乌斯提醒他不能对我说太多。但是扬一如既往地只想讨论数据："你和马里乌斯再次确认之后我才会告诉你的是，我们的营业额达到了 7 000 万美元。上个月，我们下了 50 000 次注，平均优势在 1.5% 和 2% 之间。"

　　相比之下，我们在世界杯期间所下的 50 美元赌注只是个零头。当我告诉扬我写书正写到有关置信区间的内容时，他提到了我们一起建立的赌博模型。他说："我们确实从中赚钱了。但是老实说，我们不能一直依赖这些。"我们的世界杯模型是基于以前的 283 场比赛建立的。扬现在建立了一个数据库，包含了过去 9 年对各种体育项目所做的 150 亿次投注。

　　他告诉我："我们正在开发基于 10 000 次观测的策略。"这使他们对自己提出的策略具备长期优势充满信心。

　　扬和马里乌斯最赚钱的优势其实来源于国家差异。巴西人对自己国家队的进球数的期望值总是超过实际进球数。德国人则相反：他们总是很悲观，总是期待着平淡的 0–0 平局。

"挪威人就很准确，"扬笑着说，"他们真是完美的理性斯堪的纳维亚人。"

马里乌斯就是理性的挪威人，我回想起世界杯期间与他的对话，那时我们谈到如何成为赌徒中的领头羊。他总是认为对博彩策略的根本性理解很重要，现在他有了一个理论：所谓的刻板印象是有道理的。

\*

假设你正在猫途鹰旅游网站上寻找酒店，你希望找一个至少获得 4 星评价的酒店，对低于 3.5 星评价的酒店不太看好，在这个例子里你的信号就是半颗星的评价差异。同一酒店在猫途鹰上受到的评价往往有很大的差异。总会有一些狂热者直接给 5 星，而有些不满的人会给出 1 星评价。总体而言，评价中的噪声为 1 星：大多数评论为 3、4 或 5 星，因此平均得分往往略高于 4 星。[12]

我们可以使用前面的表格回答以下问题：为了可靠地检测到半颗星（½）的信噪比，我们需要阅读多少个评论。或者我们可以求解以下方程，$\frac{2}{\sqrt{n}} = 1/2$，其中 1/2 是信噪比，得到 $\sqrt{n} = 4$，所以 $n = 16$。也就是说我们至少需要阅读猫途鹰上的 16 个评论才能得出结果。与其查看某酒店历年来得到的数百条评价的平均值，不如选择最新的 16 条评论并取平均值，就可以获取最新且可靠的结果。

我们不仅可以用星级来评价酒店，也可以去评价工作。杰丝对自己的职业选择非常不确定，她在社会公益组织工作，这绝对是一项值得努力的事业，但她的老板是个工作狂，整天打电话给杰丝提出不合理的要求。她的朋友史蒂夫和肯尼已经交往 6 个月了，他们的关系很不稳定，时冷时热。吵架的时候很可怕，但吵完，两人又变得如胶似漆。

置信公式为杰丝提供了一些指导，这些策略可以告诉她应该在当前岗位上继续工作多少天，也能告诉史蒂夫应该与肯尼相处多久再决定是否分手。他们需要做的第一件事是确定相关的时间间隔。史蒂夫和杰丝决定对他们度过的每一天进行评级，从 0 到 5 星。他们还计划定期开会，评估他们各自的状况。

在第一周星期五的晚上，史蒂夫与肯尼发生了激烈的争执，因为肯尼拒绝与史蒂夫的朋友们一起出去玩。史蒂夫打电话向杰丝倾诉，他已经给工作日中的三天分别打了 1 星。杰丝提醒他，还是不要太快得出结论比较好，毕竟 $n = 7$，他们还无法在噪声中找到信号。杰丝在公司度过了还不错的一周，主要是因为她那个爱折腾的老板出差去了，所以她给出了 3 星和 4 星的评价。

一个月后，也就是 $n = 30$ 时，史蒂夫和杰丝见面共进午餐。他们开始对事情的进展有了更好的了解。史蒂夫和肯尼这几周的相处还不错。上周，他俩在布莱顿度过了一个周末，吃了一顿美好的晚餐，度过了一段愉快的时光，史蒂夫给出了 5 星的评价。

对于杰丝而言，情况恰恰相反。回来后的老板总是很生气，也失去了耐心，经常把怨气撒在小事情上，杰丝的评价又变成了 2 星、1 星和 0 星。

两个多月后，$n = 64$，$2/\sqrt{64} = 1/4$。现在他们对自己所做决定的置信度是第一周的 3 倍。对于史蒂夫来说，好日子比坏日子多，但是生活中仍然会有争吵，这几周 3 星和 4 星居多。杰丝的老板对她而言真是个大问题，但是杰丝目前所在的项目组很有前景，她想专注于这一项目。她最高打出了 3 星和 4 星的评价，但是多数情况下只有 1 星或者 2 星。

尽管每周都会有新的观测结果，但是 $n$ 的平方根意味着，杰丝和史蒂夫在获取信息方面不像他们开始碰头交流时那样快了。从观测中能获取的信息变少了，他们决定要为每周的例行讨论设定限期。在不到三个半月（100 天）之后，他们已经有了足够的信心去决定自己的未来了。

$n = 100$ 是非常重要的一天，这时候 $2/\sqrt{n} = 1/5$。他们不仅回顾了过去的几周，还包括这段时间里发生的一切。对于史蒂夫和肯尼而言，吵架变少了。他们一起学习烹饪，享受做饭的夜晚，还常常邀请朋友过来，生活很美好。史蒂夫得到了自己的置信区间，他的平均星级是 $h = 4.3$，标准差为 $\sigma = 1.0$。他对这段关系给出的置信区间为 $4.3 \pm 0.2$，这个平均值很高，超过 4 星了。史蒂夫决定不再抱怨肯尼。他可以安心了，他找到了一起生活的伴侣。

对于杰丝来说，事情进展得并不顺利，她的平均星级是 $h = 2.1$。对于她而言，日子很艰难，她的标准差低于史蒂夫的标准差，为

$\sigma = 0.5$，因此她的置信区间为 $2.1 \pm 0.1$。平均而言，杰丝对工作的评价为 2 星，她决定寻找新的职位，周一她将递交辞呈。

*

1964 年，马尔科姆·艾克斯说："无论白人对我表现出多大的尊重和认可，只要不是对我们群体中的每个人都表现出这样的态度，那么这种尊重就毫无意义。"

这句话暗含了数字描述的语言。单凭一个人（不管是马尔科姆·艾克斯还是其他任何人）的经验无法为我们提供更多的信息，一个人的意见就好比拉一次老虎机手柄一样。杰丝在某一天工作愉快，并不能说明这个职业可以作为长期的选择。人们开始听取马尔科姆·艾克斯的意见并不意味着什么，只有他们将非裔美国人作为一个整体看待时，才有意义。马尔科姆·艾克斯、马丁·路德·金和其他人的故事告诉我们，美国有色人种与各种形式的歧视做斗争一直是涉及千百万人的斗争。

乔安妮听说她的公司有空缺的职位。那天晚上，她在聚会上遇见了詹姆斯，并向他提了这一点。詹姆斯听到后很开心，说这是他的理想工作，他周一就去申请了这家公司。几周后，詹姆斯开始了新的工作，乔安妮在百吉饼店外碰到贾马尔。他问乔安妮工作如何，乔安妮告诉他詹姆斯刚入职不久。贾马尔兴奋不已，说这也是他梦寐以求的工作，并问乔安妮公司是否还招人。

乔安妮是白人，詹姆斯也是，但贾马尔不是。乔安妮有种族偏见吗？没有。如果她先碰到的是贾马尔，她会做完全一样的事。只是她碰巧在遇见贾马尔之前遇到了詹姆斯。

不过，还有一个问题在于，她之所以在贾马尔之前遇见了詹姆斯，可能仅仅是因为詹姆斯和乔安妮处在同一个社会群体中，所以他们遇见并且分享有关工作信息的概率会更高。他们的相互支持可能间接导致了对贾马尔的不公，他无法获得与詹姆斯和乔安妮一样的社交机会。

这里需要注意一点，我们不能从乔安妮的故事中得出关于种族歧视的结论。我们只有一次观测，一件关于她与詹姆斯和贾马尔之间的逸事而已。一次事件不足以建立置信区间，这就是我们很难区分种族歧视的原因。每个单独的故事只是一次性观测而已，我们从中能了解到的很少，理解种族因素在社会中所起作用的唯一方法是进行多次观测并建立一个置信区间。

*

斯德哥尔摩大学社会学专业研究员兼讲师莫瓦·布塞尔花了两年时间撰写简历，到瑞典求职。她总共申请了2 000多个不同的职位，包括程序员、会计、教师、驾驶员和护士。但她并不是真的在找工作，她只是在测试她所申请公司的偏见。

莫瓦会针对每个职位创建两份简历和求职信，工作经验和任职资格都比较相似。但她会为每个简历随机分配一个名字。第一个名字听起来像瑞典人，例如约纳斯·索德斯特伦（Jonas

Söderström）或萨拉·安德森（Sara Andersson）；第二个听起来明显不是瑞典人，例如卡马尔·艾哈迈迪（Kamal Ahmadi）或法蒂玛·艾哈迈德（Fatima Ahmed），像是来自阿拉伯的穆斯林，或者姆图普·汉杜勒（Mtupu Handule）或瓦西拉·巴拉格威（Wasila Balagwe），像是非洲裔。莫瓦的实验设计完全随机，如果雇主没有偏见，他们对于瑞典人和外来人口应该提供相同的机会。

但最后的结论是他们是带有偏见的。在一项针对瑞典和阿拉伯人的总计 $n = 187$ 份求职申请中，使用阿拉伯名字的求职者得到面试的机会几乎只有瑞典人的一半。[13] 这些结果不能用运气差来解释，我们可以通过建立置信区间看到这一点。阿拉伯人收到了 43 次面试邀请，因此面试的概率（信号）为 $h = 43/187 = 23\%$。为了估算方差，我们用 1 表示收到面试邀请的人，用 0 表示未收到面试邀请的人。然后，用之前在轮盘赌中的相同方法，计算这些值和 $h$ 之间的平均平方距离，以及看上去像是瑞典人的那些人收到面试邀请数和 $h$ 之间的平均平方距离，得到 $\sigma = 0.649$。[14] 如果将这些值代入公式 3 中，我们能得到阿拉伯人的 95% 置信区间为 $43 \pm 17.3$，远低于瑞典人收到的 79 次面试邀请。

接下来的实验揭示的情况可能更糟。莫瓦调整了阿拉伯人的简历，增加了 1~3 年的相关工作经验，但这并没有帮助他们更快找到工作。经验丰富的阿拉伯候选人只收到了 26 次面试邀请，相比之下，资历略逊一筹的瑞典人则为 69 次。这个差别同样超出了 $26 \pm 15.9$ 的置信区间。

莫瓦告诉我："我的结果最有说服力的一点是它们非常容易理

解。在数据方面，它没什么可争议的地方。"

当莫瓦在斯德哥尔摩大学汇报这一主题时，她看到了学生脸上的反应。"当我看向蓝眼睛金头发的学生时，我能看到他们在专心地听。他们可能认为这不公平，但这不会影响到他们。"

"当我看向棕色眼睛、深色头发和深色皮肤的学生时，我看到的反应就不一样了。这与他们的切身利益相关，也和他们的朋友、兄弟姐妹切身相关。"她继续说，"对于某些人来说，他们最终被认可了，这可以缓解他们心里的不舒坦。他们现在明白自己没有疯，他们对现实的看法得到了印证。"

这些学生经常会和她谈论自己的经历，但其他人则保持沉默。她告诉我："听到我的研究结果可能会很痛苦。我看到他们变得沮丧，给人的感觉就像他们刚刚被告知自己没那么有价值，不属于这里。"

莫瓦谨慎地指出，她的研究并不意味着非瑞典人找不到工作。研究的重点是揭示不公正的程度，这并不意味着每个瑞典人都是种族主义者。这项研究告诉我们卡马尔·艾哈迈迪们要赢得工作机会，需要比约纳斯·索德斯特伦们花费更多的精力。

当真正的卡马尔·艾哈迈迪在瑞典申请工作时，他并不知道自己面对的是哪一类老虎机。如果他申请工作但没有收到面试通知，他也不能因此就说他受到了歧视。真正的约纳斯·索德斯特伦也不能看到他的老虎机给予他的特权。他有满足职位所需的资质，他申请工作并收到了面试的邀请，在他看来，这里面一点儿问题也没有。

我向莫瓦提出这一点，她说："是的，但是你知道有些人会自己做实验。有外国人告诉我，他们在申请当地一家超市的工作时，被告知该职位已经有了合适的人选。然后，他们让瑞典人向超市咨询该职位是否仍然能够申请，这些朋友被告知欢迎来参加面试。"

莫瓦和她的同事已经发出了 10 000 多份简历来检验有关瑞典就业市场的各种假设。其中一些发现令人沮丧，如低技能职业对阿拉伯男性的歧视最大。其他发现可能令人心情好点儿，比如对阿拉伯女性的歧视比对男性的要低，如果是一名工作经验丰富的女性，则完全不存在歧视。

在世界范围内有很多与莫瓦类似的研究，结果大同小异。[15]莫瓦的研究是结构性种族主义的一个例子，这种歧视通常很难在个人层面上被发现，但通过置信公式的统计数据就很容易看出来。最近发表在世界顶级医学杂志《柳叶刀》上的一项研究建立了一个置信区间，用于衡量美国社会的不平等状况，包括贫困、失业、监禁、糖尿病和心脏病等各个方面的不平等。[16]在所有这些层面上，美国黑人在统计学上都与白人显著不同：有毒废料场被建在种族隔离社区附近，政府没能阻止铅泄漏到饮用水中；细微之处和无意中的意识和行为体现了种族歧视（譬如让一位黑人耐心等待他的律师到来，殊不知他自己就是律师）；相同的工作得到的工资不同；被针对性地销售卷烟和含糖产品；强制性的城市翻新和撤离；选民限制；隐性或显性偏见导致的不完备的医疗保健；被排除在能在工作方面提供互助的社交网络之外……这个名单还可以拉得很长。可能每个人都不是明显的种族主义者，但非裔美国人和美洲原住民的身心健康都在日复一日地受到微小歧视的影响。

让我们回到乔安妮的例子。她身边的詹姆斯比贾马尔要多吗？她决定用置信公式找出答案。她首先列出所有可能对她所在的出版公司的工作感兴趣的人，所有有才华的人，然后她想到她周围的朋友，她经常打交道的人。[17] 乔安妮的 100 位朋友中有 93 位白人，而美国人口中白人的比例为 72%。93 – 72 = 21，她的友谊在种族上是存在偏见的。乔安妮发现了自己的特权，她醒悟过来。她意识到，她认识的人并不代表整个人群，他们属于一个特权群体，特权之一就是让他们在社交媒体上能够彼此分享有关空缺职位的信息。乔安妮应该如何处理这种情况？这确实是一个难题。

以下是我的想法，不是标准的答案，仅仅是我的想法。乔安妮不需要改变她的朋友圈，她想和谁成为朋友就和谁成为朋友。但是她确实需要想清楚如何去应对隐性种族歧视的问题。她可以去做一些简单的事，比如当她听到有工作机会或只是想联系一下朋友时，她可以同时向贾马尔和其他 7 个少数种族朋友发消息。贾马尔的朋友群体比乔安妮更具种族偏见：100 位朋友中有 85 位是黑人，相比之下，美国人口只有 12.6% 为黑人，在他所居住的纽约市则为 25%。通过这种方式，乔安妮彻底改变了那些想要寻找工作机会的人的种族构成。

我的观点有时被认为具有政治正确性，但我更喜欢称其具有统计正确性。它只是基于这样一种统计思想，即我们的个人经验通常无法反映整个世界。算出我们的生活在统计意义上有几分正确，以及我们应该怎么做，是每个个体的任务。

*

　　我们可能是从赌博中得到了置信公式，但是它彻底改变了自然科学和社会科学。拜十会中第一个认识到正态曲线所拥有的强大科学力量的是卡尔·弗里德里希·高斯，他在1809年用正态曲线描述了他对矮行星谷神星位置估计的误差。如今，正态曲线通常被称为高斯曲线，这个命名其实不那么公平，因为该公式早在棣莫弗的《机遇论》第二版（1738）中就被明确陈述过。[18]

　　经过了19世纪和20世纪初的科学大发展，统计学已完全融入科学当中。第二次世界大战后，置信区间成为科学论文中的重要组成部分，研究人员通过它表明他们有多大的信心认为自己得到的结论不仅是随机概率的结果。我最近提交的几篇科学论文包含50多种不同的关于置信区间的计算。只有当统计数据达到$5\sigma$置信水平时，我们才能确认希格斯玻色子的存在，这意味着在希格斯玻色子不存在的情况下，能观测到该实验结果发生的概率为350万分之一。

　　拜十会在社会科学领域的发展刚开始时比在自然科学领域要慢。直到最近，讽刺社会学专业的漫画还将社会学研究者描述为穿着破旧衣服的男人，他们崇拜已逝的德国思想家和染着紫色头发的妇女，这些人的思想在20世纪70年代进入了社会科学领域，想通过后现代主义思想来动摇一些基本观念。他们争论不休，但永远无法达成共识。他们创建了思考的定义和框架，就一些问题争吵个没完，不在这个圈子里的人根本不知道他们在谈论什么。

直到 20 世纪末，这种讽刺漫画在很大程度上还是正确的。虽然会用到统计学的定量方法，但社会学理论和意识形态讨论仍被视为研究社会的主流方式。然而，在短短几年内，拜十会就埋葬了这个旧世界。突然之间，研究人员可以使用脸书和照片墙账户来衡量我们的社交关系。他们可以下载记录个人意见的博客，并理解我们沟通的方式。他们可以使用政府数据库来确定我们换工作和搬家的原因。有了新的数据和统计检验，我们的社会结构一览无余，我们建立起了对每个结果的置信区间。

关于意识形态和理论的论述逐渐被社会科学边缘化了，没有数据支撑的理论变得一文不值。一些保守派社会学家加入了数据革命，另一些则被时代抛在后面，但目前在大学工作的每一个人都不能否认社会科学正在经历一场变革。

\*

然而，并非所有人都注意到了社会科学对数据的重视这一转变。我有时会读在线杂志《奎利特》（*Quillette*）。该杂志一直坚持着公共科学对话的传统，这种传统可以追溯到 20 世纪八九十年代理查德·道金斯生活的时期。它的目标是提供一个自由思考的平台，甚至不排斥一些危险的想法，这意味着它很乐意发布关于性别、种族和智商的"政治不正确"的观点。

《奎利特》上刊载的文章经常攻击社会科学领域的研究，他们最喜欢攻击的一个目标是身份政治。我近期读到一篇由一位退休的心理学教授写的文章，他声称社会科学正在退化为"不成体系，废话连篇"的研究。他对图库福·祖贝里（Tukufu Zuberi）和爱德华多·博尼利亚-席尔瓦（Eduardo Bonilla-Silva）撰写的《白人逻辑和白人方法：种族主义和方法论》一书提出疑问，该书探讨了社会科学家所使用的方法在多大程度上是由白人文化决定的。[19] 基于对"白人方法"这一主张的怀疑，这位教授反驳说，他在社会的任何层面都找不到系统性种族主义存在的证据。他评论说，"非裔美国人的能力和利益"可能是我们观察到的差异的原因。[20]

《奎利特》上许多文章的作者不喜欢数据，而是倾向于与学术社会学家和左翼激进主义者进行辩论。他们很少关注数字，而是更多地关注思想文化战争。正如我将在第 7 章中说明的那样，生物种族之间的内在差异非常微小（实际上并不存在"生物种族"这样的东西），而正如前文引用的《柳叶刀》文章所说的那样，有很多证据表明美国存在结构性的种族歧视。

我通过电子邮件将《柳叶刀》那篇文章的副本发送给《奎利特》这篇文章的作者，并建议他仔细看看。我们进行了一些友好的交流，事实证明，在动物行为研究方面，我们的研究兴趣不谋而合。

几周后，他给我寄来了他的新著作，主要内容是对结构性种族主义这一观念的攻击。他声称，证明种族歧视存在从理论上而言是不可行的，因为必须排除许多其他因素。这位退休教授似乎没有意识到统计学就是通过反复观测去发现歧视的模式，他其实只是在重申种族生物学的重要性。

在看到美国版莫瓦·布塞尔的简历研究表明美国社会对非裔美国人的名字存在歧视后，这位教授回应道："这是种族主义吗？我们不知道雇主以前的经历，也许她过去雇用黑人的时候有过糟糕的经历呢？"

这位老教授是个种族主义者吗？当然是的，这里不需要置信区间。令我极为惊讶的是，几个月后《奎利特》发表了他的文章。值得庆幸的是，"黑人雇员的糟糕经历"这一说辞被删掉了。但是文章的基调没有变，毫无根据地否认了《柳叶刀》文章中的基本事实。

还有一些杂志也采用了这种论调。英国出版物《尖刺》（*Spiked*）相当于20世纪90年代的杂志《活着的马克思主义》的线上版本，经常抨击性别政治和结构性种族主义。任何人都可以在社交媒体网站红迪网（Reddit）上的"文化大战"板块参与辩论。同样的概念也遍布于天才暗网中，这是一个推崇"自由思想运动"的组织，它通过优兔视频网站和播客表达自己的观点，认为所有的思想都有被听到的权利。天才暗网的拥护者不仅撰写关于性别和种族的文章，而且喜欢挑战政治正确性，他们通常很快就将讨论转向他们口中两个"不能明说的忌讳"——性别和种族。

乔丹·彼得森（Jordan Peterson）是天才暗网的意见领袖。像《奎利特》一样，他认为政治正确的理念已经开始主导社会科学，并极力反对。他认为，左翼的意识形态让学者们把精力都用在研究性别和种族认同问题上。他把大学描述为一个害怕说错话的地方，并认为这最终会对整个社会产生负面影响。白人因其特权而受到不公正的攻击，而女性在社会招聘中可能会受到不公平的优待。

有一次我乘坐商务舱时（有时我被迫如此），坐在我身后的两个技术人员一直在讨论彼得森是多么会穿衣服以及他是如何自如地主导辩论的。我想转身表示抗议，却无法确切地指出他们言谈中的错误。他衣着考究，也会为自己辩护，甚至能在采访的适当时机中哭出来。

我读过彼得森的《人生十二法则》[21]，并且很喜欢，他在这本书中讲述了他一生中有趣的往事，也提供了关于如何成为一个更好的人的建议。这本书的书名也不错，但这不是现代社会科学，而且相去甚远。这相当于一个处于特权阶层的白人在旋转着属于自己的赌场的轮盘，然后告诉我们他有多幸运。

现代学术界与彼得森描绘的相差甚远。我与许多社会科学家一起工作过，但从未见过哪个人害怕说出自己的真实想法。恰恰相反，他们永远不会闭嘴。持有争议性的想法、考虑不同的模型是我们工作的重要组成部分。

现代科学界受到置信公式的制约。如果要测试模型，必须收集足够的数据。社会科学不再是趣闻逸事或抽象理论，而是需要创建数千份简历——投递，或者仔细阅读文献来识别其中的结构性种族主义。这是一项艰苦的工作，与衣着光鲜无关，假装努力思考也是没有结果的。

莫瓦·布塞尔在十几岁的时候就具有了左翼的政治观点。她告诉我："当时（20世纪90年代初期）我的很多好朋友都是外国人。

我们晚上一起出门的时候，他们都很害怕被新纳粹分子骚扰。我也要和他们一起跑掉，这些经历让我走上了政治道路。"

当莫瓦谈论她的成长经历时，她外向而感性，与她谈论学术成果时的平淡形成了鲜明的对比。她告诉我，很多年后，一位年轻的移民平权活动家将一群学生移民带去参观她的大学。这位平权活动家希望莫瓦向他们介绍她关于求职的研究，但莫瓦不愿意，她害怕这么做会让孩子们误解她的研究。她的谨慎是明智的。当莫瓦解释她的结果时，孩子们表现得很愤怒。他们问道："如果我们没有未来，那为什么还要去上学呢？"

这段经历让莫瓦感到很震撼，还有一些对自己的失望。她说："我知道许多学生移民从入学之初就没有归属感，好像他们进入大学的唯一结果就是，他们在工作之后也会受到歧视。"仅将问题告知受其影响的人，从来都不是解决问题的方法。

像所有其他社会科学家一样，莫瓦有自己的理想、梦想和政治见解，这些都是她的世界观的一部分。从我们的信念和经历中寻找动机，并没有什么不科学的地方，只要我们在寻找的过程中将这些模型与数据进行比较。我问她是如何开始研究生涯的，她告诉我："（社会学家）马克斯·韦伯说，你应该主观地选择研究课题，然后尽可能客观地对待它。我对此深信不疑。"

她继续说道："简历实验使我感兴趣的原因在于你无法对结果产生异议。我在研究真实的人，而不是坐在实验室中做模拟实验。实验中的所有内容均受到控制，而且结果简单易懂。"该模型已针对数据进行了测试。莫瓦告诉我，她很惊讶地发现，雇主在评估简历，甚至开出薪酬时不存在性别歧视，很多时候甚至会出现性别补偿的情形：在女性人数不足的行业，譬如计算机等领域，他们会给女性更多的面试机会。这和她个人感知到的情况相悖。她说："但这样的情况确实存在，我目前无法反驳。"

乔丹·彼得森最著名的辩论问题之一是性别之间的工资差距。他指出，在美国，男性每挣 1 美元，女性平均只能挣 77 美分，但这一事实并不能证明歧视。他认为结果平等与机会平等并不等价。[22]女性的平均工资比男性低，部分原因是她们从事的工作类型通常工资较低，例如护理。女性本也有机会从事工资更高的工作，但她们选择了与男性不同的职业道路，这乍一看是合理的。彼得森还认为，从生物学上讲，女性可能就不适合从事某些类型的高薪工作。他说，简而言之，我们不能因为薪资差距就认为社会存在对性别的歧视。我们需要测试他们是否有与男性相同的机会。

机会平等正是莫瓦在其简历测试中想要展现的结果。当穆斯林投递简历时，他们的面试率比瑞典本地人低，因此受到了机会歧视的影响。同样，莫瓦的结果也揭示了瑞典女性在投递简历时获得的机会与男性平等。在这个特定案例中，彼得森声称两性之间不存在机会歧视。

然而，结果平等可以通过一个数字（例如男女性工资差距）得到很好的证明，但机会平等却无法做到。有许多因素会妨碍女性发挥其全部潜力，因此我们需要研究许多潜在的机会障碍。

幸运的是，社会学家正在努力寻找这些障碍。2017 年，卡特琳·奥斯普（Katrin Auspurg）和她的同事采访了 1 600 名德国居民，他们事先准备了很多虚假的年龄、性别、工作年限和工作岗位信息，采访的内容是问受访者这些并不真实存在的人的工资是否合理。[23] 结果表明，受访者倾向于认为女性的薪水给高了，而男性的则给低了。平均而言，无论受访者是男性还是女性，他们都认为，在问题假设的情境下，完成相同的工作，当男性的薪酬为 1 美元时，对应女性的薪酬只有 92 美分。绝大多数受访者在被直接问到时都一致认为，男女工资应该相同。但我们所说的和我们做的却相去甚远，这项研究的受访者甚至没有意识到，在他们的潜意识里，从事同样的工作，女性的薪酬应低于男性。

2012 年的一项美国研究发现，科学家在评估实验室助理的简历时更排斥女性，男性和女性科学家都认为女性的竞争力不足。[24] 如果数学系只有男教授，女学生继续数学研究的概率要低于有女教授的情况。[25] 在一项针对高中生的实验中，如果女孩的教室里包含一些典型的"极客"物品（《星球大战》周边、科技杂志、电子游戏、科幻小说等），那么与在普通环境（教室里有自然环境照片和绘画作品、钢笔、咖啡机、普通杂志）中上课的女孩相比，她们更不容易对该科目产生兴趣。[26] 在加拿大的高中，尽管男女生的考试总分大致相同，但女生的数学成绩往往比男生差。[27] 美国一所大学针对学生进行的一项工作沟通实验发现，女性在代表他人进行沟通时和男性一样有效，但在代表自己沟通时效率较低。对于这些差异的解释是，她们害怕在赢得辩论后遭到对手的强烈反对，而这种恐惧对于男性而言会小很多。[28]

这些只是萨普纳·切尔扬（Sapna Cheryan）及其同事回顾的大

量研究中的一部分，这些研究都揭示了基于性别的机会障碍。[29] 女性很难自由地表达自己的意见；她们害怕被报复；她们既会被男性贬低，也会被其他女性贬低；她们的榜样更少；她们会低估自己；她们会在申请某些职位时受到隐形歧视。根据统计数据，这就是在我们的学校和职场中正在发生的事情。由于包括乔丹·彼得森在内的大多数人都认为我们应该争取机会平等，所以答案很简单：我们需要让所有人了解关于社会偏见的已有的研究成果。

奇怪的是，彼得森得出了相反的结论。他抨击了有关多样性和性别问题的学术研究，声称这些研究偏"左"，是由马克思主义者发起的。在这一点上他完全错了，莫瓦·布塞尔、卡特琳·奥斯普和萨普纳·切尔扬这些社会学家都在研究机会平等而不是结果平等。这些人的研究动机可能是为每个人创造一个公平的竞争环境，而对公平的渴望使他们不受自己的政治观点的影响。我在上面提到的所有研究，以及很多其他研究，都是为了找出机会不平等的原因，并尝试解决它。没有证据表明研究人员存在意识形态偏见。

彼得森从未提及这些研究。相反，他专注于男性和女性之间的心理差异。他于 2018 年 1 月在英国的《第四频道新闻》上接受凯西·纽曼采访（这一采访后来在视频网站上走红）时指出："随和的人更有同情心、更有礼貌，而且随和的人在相同工作量的情况下，可能拿到的工资比其他人低。通常来说女性比男性更随和。"[30]

我有几个充分的理由可以反驳他，这样的心理学解释不如置信区间测试更令人信服。直接提出情境式问题（例如"你如何评价这份简历"或通过观察男女的谈判方式）的基本原理是，通过了解个体行为，我们可以就不平等现象的产生提供因果解释。[31] 相反，随和这一特质是通过被试者自己填报的性格测试结果得到的，在这类测试中，人们通常需要回答一些一般性的问题，比如"我能与他人共情"。在总结了这些问卷的答案后，人们得到了某人"随和"的结论，但很难讲这一特征是获得高薪的阻碍，它也完全有可能带来高薪。也许善良的人会因为友善而得到奖赏，也许他们在谈工资时缺乏技巧，两者皆有可能。根据职业的不同，"随和"这个词的含义也会随之变化，同时还和工作中涉及的技能以及从业人员的资历有关。

性格测试本身并不能提供解释，因此，为了把薪资与随和这项特质联系起来，需要进行更多的检测。一项针对美国 59 名应届毕业生的研究发现，在职业生涯初期，随和的人拿到的薪水确实较低。[32] 但是这项研究也揭示出女性的薪水明显低于男性。考虑到其他的人格特质、智力、情商和工作成功与否等因素，随和是唯一可以解释薪酬差距的因素，但也只是在很小的程度上。不随和的女性的薪水仍然低于不随和的男性，而性格随和的男性的报酬也高于性格随和的女性。实际上，与彼得森在接受采访时告诉纽曼的研究相反，这项研究表明，与性别无关的因素完全无法解释薪酬差距。

缺少了描述性格特点如何影响工资的模型，就很难用具体的术语来谈论性格特点如何影响机会平等。即使我们最终确定了在薪资方面存在对于性格随和的人的歧视，而不是对于女性的歧视，我们仍然需要回答这一现象是否公平。有些解释，例如随和的人不能为公司争取最大的利益，可能被认为是公平的，而另一些解释，例如老板通过减少报酬来压榨随和的员工，可能被认为并不公平。笼统地谈论人的性格特点并不能帮助我们真正理解问题。

我们也可以更仔细地想想，当彼得森说女性比男性更随和时，他实际上想表达什么，此时我们可以利用置信公式。心理学家已经针对数十万人做了性格研究，而我们在本章前面看到，如果有了更多的观测结果，我们就能更好地检测出隐藏在噪声中的信号。例如，如果我们进行 $n = 400$ 份人格调查，那么即使信噪比为 1/10，我们也可以检测出差异。借助大量数据，我们可以使用置信公式来确定男性和女性之间在性格随和程度上的微小差异。在性格方面，我们发现男性和女性之间的确存在着细微的差异。男女之间差异最大的性格特质是随和性，信噪比约为 1/3，也就是说平均每 3 个噪声单位中存在 1 个信号单位。

要了解该信号有多弱，设想一下从人群中随机选择一名男性和一名女性，选出来的女性更随和的概率只有 63%。考虑一下这意味着什么。假设你站在一扇紧闭的门后面，将与简和杰克见面。你走进房间时说："简，我觉得你会比杰克更同意我的观点，因为你是女性。"然后转向杰克说："你和我可能会发生争论。"这合理吗？当然不合理。从统计上来说，这是不对的，你有 37% 的概率会犯错误。[33]

彼得森在斯堪的纳维亚脱口秀节目《史卡夫兰》中声称，心理学家"至少在某种程度上已经通过先进的统计模型对性格测试做了完善"。[34] 然后他提到对广大人群所进行的性格问卷调查，他认为男人和女人之间的相似之处大于差异。接下来他让我们考虑"最大的差异在哪里"，转而再告诉我们"男人没那么随和……女性的负面情绪更多，或者说更神经质一些"。[35]

他的论点虽然并非完全错误，但有些草率。他认为科学家目前已经通过大量数据研究了解了两性之间的巨大性格差异。而正确的解释是，在各种有关男性和女性如何看待自己的所有研究中，几乎没有研究揭示何种性格存在真正的性别差异。实际上，最近30年来性格研究最显著的结果是性别相似性假设。该假设最初是由威斯康星大学麦迪逊分校的心理学及性别和女性研究教授珍妮特·海德（Janet Hyde）于2005年在《美国心理学家》杂志上提出的。性别相似性并不意味着男女完全一致，她的观点是性格几乎没有依赖于性别的统计差异。海德回顾了124项不同的人格差异测试，发现其中78%的测试表明性别之间的差异可忽略不计或很小（信噪比小于0.35）。[36] 该假设经受住了时间的考验：10年后，一项新的独立回顾研究发现，在386项测试中，只有15%的测试结果表明性别之间的信噪比大于0.35。[37]

在神经质、性格外向、开放、积极、悲伤、愤怒和许多其他性格特征方面，男性和女性仅略有差异或根本没有差异。海德在最近的一篇综述中指出，在数学表现、口头表达能力、责任心、奖励敏感性、关系攻击性、尝试性言论、对自慰和婚外情的态度、领导能力、自尊心和对学术能力的自我评估等方面男女的差异都很小。[38]性别差异在对事物与人的兴趣、身体攻击、色情内容的使用以及对一夜情的态度方面的表现最大。事实证明，我们的一些先入之见是正确的。我们每个人之间的性格差异很大，男性之间，女性之间，性格差异都很大。但是，从一般的意义来讲，男女之间有显著的性格差异这一点在统计学上是不正确的。

乔丹·彼得森的声明中真正的危险之处是，他说有关性别的研究在某种程度上已被"左翼"和"马克思主义"力量所颠覆，但事实完全相反。珍妮特·海德在读大学本科时专修数学，她已经成为衡量机会平等性的统计学革命的代表人物，这场革命已经将意识形态思想从心理学和社会科学中清除了。她的研究获得了多个奖项，其中包括美国心理学会（美国最大的科学和专业心理学组织）颁发的三个不同奖项。性别差异一直以来在学术界中都被认真对待，以至于每一个微小的差异都被记录在案。在研究男性和女性大脑之间的差异方面也有类似的结果：不同个体的大脑在结构和功能上的差异都远大于性别之间的差异。[39]具有讽刺意味的是，正是由于有如此大量的严格研究，彼得森才可以挑选出对自己的意识形态立场有利的结果。

置信公式告诉我们，要用观测来代替个体事件，永远不要过于依赖一个人的故事，即便是你自己的。当你获胜时，请仔细考虑你的连胜是不是因为你技艺超群。总会有人运气好一些，也许这次碰巧是你。你需要搜集别人的故事，并收集统计数据。当你需要进行更多观测时，请考虑$n$的平方根规则：为了检测到一半强的信号，你需要4倍的观测值。如果你确实处于"上升状态"，也就是从统计学上来说，你比周围的人要好，你就可以使用置信区间确认你比别人到底好多少。先要树立统计正确的观念：了解自己的优点和缺点。要自信，不要自欺欺人，同时还得了解社会如何塑造了你的生活。只有这样，你才能找到自己的优势。

# 第 4 章

# 技能公式

$$P(S_{t+1}|S_t) = P(S_{t+1}|S_t, S_{t-1}, S_{t-2}, \cdots, S_1)$$

快傍晚的时候,我坐在一家咖啡馆里,看着他进来。他依次和服务生、咖啡师握了握手,然后简单说了几句话。他进门的时候还没有看到我,当我站起来走向他时,他看到了其他熟人,又是一轮拥抱,我只好再次坐下来等候。

他的名气部分源于他曾经是一名职业足球运动员,还有部分源于他经常出现在电视上。他为人处世的方式也饱受赞誉:他的自信、友善以及他和人们说话的方式——他跟每个人都能说上话。

在我旁边坐下几分钟后,他就开始高谈阔论。"我认为我的与众不同之处在于,我向人们展示了我的做事方式。我认为人有时候会迷失自我。"他说,"我只是做自己的事,我很诚实,因为这是这场游戏里所需要的。"

"每天联系我的人很多。我有许多类似这样的会面,我需要保持社交。人们乐意和我交谈的原因是我有独特的见解，你知道我的背景是很多人所无法企及的，这也是我刚坐下来时想说的……"在和他谈话的过程中，他一直穿插讲述着踢球时的趣闻逸事，一些精心准备的故事，适时还穿插着一些笑话。

他微笑着直视我的眼睛，让我感到好像是我主动问起这些事的，但其实并不是我起的头。我本想谈谈如何在新闻和足球比赛中使用数据，但遗憾的是，我没有得到任何有用的信息。

在弗兰克·辛纳特拉的歌曲《我的方式》（*My Way*）出名之后，我通常称这类人为"自我先生"（Mr. My Way）。谨慎的脚步、站立的身姿以及通透的视野为他的每个故事提供了基础。这几者的结合奏出了优美的旋律，站在我面前的这位"自我先生"拥抱并问候进入咖啡馆的每个人，让在场的每个人都感到身心愉悦。

但他只有在人群间穿梭，和不同人短暂交流时才令人愉悦。现在的我无法动弹，无处可去。

跟自我先生聊了几回，我就对自己相信了他们的故事感到很羞愧。自从我的书《足球运动》于 2016 年出版以来，我有机会参观了几个世界顶级的足球俱乐部，与他们的代表会面。我受邀参加广播和电视节目，与退役运动员一起谈论比赛。从学术环境转到与前足球运动员、电视名人、球探和英超足球俱乐部董事会成员谈笑风生的环境中，真是令人兴奋。我很乐意听到有关球员和大型比赛的幕后故事，并且了解训练场上发生的事。从球迷变成一个与内部人士关系密切的人，用足球圈的陈词滥调来说，就是美梦成真。

我喜欢去倾听那些故事，喜欢亲眼看到真实的足球世界。但更多的时候，我听到的有趣片段总伴随着自我先生"富有远见"的"英雄主义"故事，然后是他的对手如何通过小手段阻碍了他的进步，或者如果只给他们一半的机会，他们也能做得比别人更好。

鉴于我的数学背景，这些人常常觉得他们必须向我解释他们的思维过程。他们一开始就会告诉我，我看待事物的方式与他们不同，但从没真正问过我到底是如何看待事物的。

他们会告诉我："我认为统计数据非常适合描述过去，但是我更擅长洞察未来。"

之后，他会解释他如何根据自己的独特能力发现了竞争优势，或者他的自信和坚韧如何帮他做出了正确决定，又或者他如何找到了我没能从数据中发现（他认为如此）的特定模式。在他的故事里，往往有一段不那么顺利的时间。他告诉我："我只有在没那么专注时才会犯错。"但是他接下来又会强调自己的优势："当我能够保持专注时，一切就迎刃而解了。"

当我开始进入足球行业时，最令我不解的就是我到底要花多少时间来听这些人告诉我，他们是如何成为天选之子的。

我早就该想到这样的情形，因为这不仅发生在足球界。我在工业界和金融界也经历过同样的事情：投资银行家向我推销他们的独特技能。他们不需要数学，因为他们对自己的工作有一种天生的直觉，而那恰恰是量化交易员永远无法拥有的东西。我还碰到过技术领袖向我解释说，他们之所以创业成功，是因为他们拥有独特的洞察力和才华。甚至学者也会这样说，如果他们正在做的研究被人抢先一步发表出来，他们会告诉我他们的想法是如何被他人窃取的，而当他们成功的时候，他们会告诉我他们是如何坚持原则的。他们每个人都按照自己的方式去做事。

接下来的这个问题有点儿困难：我如何才能知道他们告诉我的东西确实有用？

现在坐在我身边的那个人显然充满了自信，在过去的一个半小时里，他一直在不停地谈论自己。但是很多人确实会说出一些有用的话，有时也包括自我先生。问题是如何将有用的东西与太过自我的东西区分开。

*

面对这个问题，应用数学家会将别人传达的信息划分为三类。本书的前两章讨论了前两类：模型和数据。模型是我们对世界的假设，数据是我们拥有的经验，可以让我们建立起对事实或者假设的看法。现在正与我交谈的自我先生则说了很多第三类的信息：废话。他在讲述自己的胜利、失败和感受，而没有告诉我们任何有关他的所思所想或已知事实的具体信息。

"废话"（nonsense）一词可以拆分成"非感知"（non-sense），这可以帮助你对这个词有更多的思考。牛津哲学家A. J. 艾耶尔（A. J. Ayer）就借用了这样一个方法，他也启发了我对数学的理解方式。艾耶尔明白"废话"是一个具有挑衅意味的词，但他还是用这个词来描述非感官信息。自我先生的感受、他对成功和失败的看法并非基于观测或者可以测量的事。艾耶尔建议，如果自我先生或其他人告诉你一些事，你应该检验一下该说法是否可验证：你能否用你从感官得到的数据从原则上验证一个说法正确与否？

你可以去验证以下陈述："我们要乘坐的飞机即将坠毁"，"雷切尔是个贱人"，"奇迹发生了"，"扬和马里乌斯在博彩市场上占有优势"，"瑞典雇主对邀请谁面试带有种族偏见"，"杰西如果想变得更快乐，就应该辞职"，等等。我在本书中列出了这些模型。当我们将模型与数据进行比较时，我们就可以验证模型在何种程度上是正确的。

我们不需要通过数据来检查模型的可验证性。艾耶尔在1936年出版的《语言、真理与逻辑》一书中解释了可验证性原则，那时候人们还没有拍到月球背面的照片，因此，月球另一边存在山丘这一假说不知是真还是假。不过，这是可验证的，也就是说从原则上可以对其进行检验。1959年，随着苏联"月球3号"飞船实现绕月飞行，这一事实得到了验证。

自我先生的感受和他的自信陈述则不相同。他讲述的故事可能包含零碎的信息、真实人物的姓名和实际发生的事件，但这些消息无法验证。我们无法通过测试来确认他是否具有"独特的视角"，或者他究竟是否拥有其他人没有的东西，又或者他如何知道"什么是相关的，什么是不相关的"。我们不可能去做这样的测试，因为他无法合理解释这些陈述的依据。他无法将自己的感觉与事实分开，我们也无法根据他的陈述建立数据模型。自我先生说出的话，只是一系列个人想法的混合。他说的既不是数据，也不是模型，而是些无意义的话。

*

接下来我们来到巴塞罗那的拉玛西亚。说到用智慧成就足球之美的地方，世界上没有任何地方能与巴萨俱乐部相媲美。这里本是由足球传奇人物约翰·克鲁伊夫于 1979 年创立的一所面向年轻球员的足球学校，后来它逐渐发展出了一套理念，而且影响至今。

我从球迷（他们每个人都希望在运动员走过前门时看他们一眼）中穿过，找到了新拉玛西亚训练基地的侧门。就像许多大学从旧的传统建筑搬迁到新大楼一样，巴塞罗那的足球学校和体育研究所也从原来的农舍搬进了具有玻璃外墙的现代建筑中。

我受巴塞罗那足球俱乐部运动分析负责人、人工智能博士生哈维尔·费尔南德斯·德拉罗萨的邀请来到拉玛西亚。他希望我做个报告介绍下我最近的工作，并与他们讨论分析比赛的方法。

拉玛西亚的新建筑内部像一所现代大学，既包含教学/训练设施，又包括研究设施。一线队球员刚刚结束了训练课程，青少年学员就忙着去另一个球场训练。哈维尔坐在明亮的办公室里，面前摆着一排显示器，后面摆着一排排的书。在我访问过的其他俱乐部里，训练设施占地面积最大，分析师可能被挤到偏僻的角落里。然而在这里，不仅球员拥有他们需要的一切，研究人员也拥有自己的工作空间，这可以让他们帮助改进球队的踢法。拉玛西亚对于空间的利用反映了足球运动的现状：思想和身体的协调。

哈维尔和我立即投入工作。我们走进他的办公室，打开电脑开始讨论。如何评价传球的好坏？如何追踪球员的运动轨迹？如何对一场比赛进行分段？对反击的定义是什么？如何给球场控制建模？我们不停地提出问题，回答问题。数据、模型、数据、模型，这样一直不断地交流。

突然，哈维尔邀请我给他的团队的其他成员做一次报告。我们来到一间宽敞的研讨室，将笔记本电脑的画面投上大屏幕，然后我站起来开始做报告，对面的观众有教练、球探和分析师。然后，前排的五六个人开始打断我，询问我使用的数据、假设和结果。他们也告诉我他们的发现，并给出了很多建议。

巴塞罗那体育分析团队的工作体现了我对于研究最喜欢的部分：深入挖掘模型和数据。这完美的一天以晚上坐在观众席最前排看到梅西和他的队友的表现而结束。当太阳在诺坎普球场上空降落时，那天早些时候还作为一条坐标曲线出现在我的电脑屏幕上的球员变成活生生的人在我面前跑动，这可能是我这辈子离他最近的一次。

*

我在巴塞罗那做的报告主要集中在另一位球员身上。那时正值 2018 年世界杯结束之后几个月，我对保罗·博格巴非常感兴趣。

而且，如果当时报纸上的传言是真的，巴塞罗那也对博格巴十分感兴趣。

我很久之前就是博格巴的粉丝了，因为他比所有在巅峰时期的其他球员都更能定义自己所效力的球队。梅西是巴塞罗那的制胜法宝，但他所效力的俱乐部的理念是一加一大于二，而不是专注于个人能力。克里斯蒂亚诺·罗纳尔多（C罗）当然是球场上的领导者，但归根结底他是一个传统的、非常有运动天赋的前锋，尤文图斯或皇马的足球风格并不是围绕着他而建立的。

但是，当保罗·博格巴为曼联效力时，他代表了整支球队；在2018年世界杯期间，他也定义了自己的国家队，获得了大力神杯。但这仅仅是我的假设，我该如何验证呢？与梅西和C罗不同，保罗·博格巴的进球数并不多。在世界杯中他只攻进一球，是在决赛里，当然这本身已经很值得赞赏了，但许多其他球员的进球数比他高。因此，仅仅看进球数不能反映他的能力。

我希望评估的是他为球队进球所做出的贡献，而不是他自己的进球数。看到这里，球迷可能会问我是否在谈论助攻，即传球给队友让其进球。第一助攻是使其他球员进球的传球，第二助攻是传球给第一助攻的球员，依此类推。计算助攻数是我采用的方法的一部分，但只是很小的一部分。我专注于讨论的不是进球或助攻等特定事件，而是球场上的所有行动：铲球、传球、拦截等。我的目的是评估这些事件到底是如何增加球队得分的可能性，并降低对手得分的可能性的。

为了实现这一目标，我们先需要考虑如何用数字来描述足球比赛。想象将球从球场的一个位置$(x_1, y_1)$传到另一个位置$(x_2, y_2)$的过程。为了更好地理解这些传球坐标，请在脑海里想象一张足球场的鸟瞰图。$x$方向沿边线延伸，$y$方向沿球门线延伸。坐标原点$(0, 0)$是攻击方球门线右边的角旗。坐标$(105, 68)$是球场另一侧的角旗（标准的职业足球场长 105 米，宽 68 米）。比赛中的每一记传球都可以用这种方式来描述：$(10, 30) \rightarrow (60, 60)$是守门员的一记打到边路的长传；$(60, 60) \rightarrow (60, 34)$指将球带入球场中心；$(60, 34) \rightarrow (90, 40)$指将球带到对手场地。你可以把一场足球比赛想象成一系列由球员传球和带球产生的坐标。每一场比赛，或者我们所说的控球链，都可以被分解成由球场上的$x$和$y$坐标描述的动作。

我们现在要做的是确定控球链中每个球员的个人行为是如何增加球队的得分机会或减少对手的得分机会的。为此，我将做出一个数学假设。通常，当数学家告诉你要做出"假设"时，他的意思是他现在要说的这些事未必为真，但你也不用太怀疑，大可以充分发挥你的想象力。这与我们日常使用该词的含义有些不同。例如，在对妻子说起与我们共进晚餐的客人时，我可能会说，"我猜测[①]他们会在晚上 7 点左右来"。或者，我会说，"我猜测我们又要输球了"。这两件事可能都是正确的，但它们并不是数学上的假设。

在数学上，我们使用"假设"一词来描述一些未必为真，但是我们现在无须担心它正确与否的事。我希望你暂时不要怀疑，

---

① 原文为assumption，在英语中既有"假设"之意，也有"猜测"之意。——编者注

先一起来探讨该假设将带给我们什么，而非深入讨论该假设本身。但是重要的是，我们需要从一开始就声明该假设，因为它是我们模型的基础，当我们将模型与现实进行比较时，我们必须接受它们的局限性。

我在足球比赛中所做的假设是，传球的质量取决于传球的开始和结束坐标，而不取决于传球前后的情况，或者传球时哪些球员在球场上等因素。因此，如果博格巴可以从球场中间 [例如在坐标(60, 34)处] 传球到坐标(90, 40)处的禁区，那么无论比赛中发生了什么情况，这一次长传都将对法国的得分机会产生影响。

但是这个假设显然是错误的。例如，在世界杯对秘鲁的比赛中，一分钟之内，博格巴就从球场上大约同一点把球传进了禁区两次。第一次传球挑过对方防守队员，传给了姆巴佩，姆巴佩脚法很好，但还是没能让球穿过对方门将的十指关。第二次传球到了奥利维耶·吉鲁脚下，吉鲁的射门先是被一名后卫挡住，弹到姆巴佩脚下，姆巴佩又一脚将球打入，这是他为法国队打进的首颗进球。我的假设是，这两次传球—— 一次导致了错失机会，一次带来进球——对法国队的价值相同。

先暂且搁置下这些怀疑，我们就能为足球比赛中发生的所有事建立模型。我与同事埃姆里·多列夫（Emri Dolev）共同建立了一个数据库，包含了英超联赛、欧冠联赛、西甲联赛、世界杯等系列赛事的多个赛季顶级足球比赛中每一次传球的起点和终点坐标。我们逐个检查每次传球是否会导致最终进球，由此拟合了一

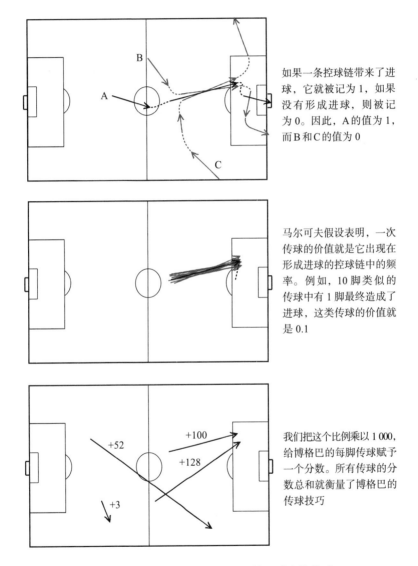

如果一条控球链带来了进球，它就被记为 1，如果没有形成进球，则被记为 0。因此，A 的值为 1，而 B 和 C 的值为 0

马尔可夫假设表明，一次传球的价值就是它出现在形成进球的控球链中的频率。例如，10 脚类似的传球中有 1 脚最终造成了进球，这类传球的价值就是 0.1

我们把这个比例乘以 1 000，给博格巴的每脚传球赋予一个分数。所有传球的分数总和就衡量了博格巴的传球技巧

图 4-1　如何用马尔可夫假设评估足球中的传球

个统计模型，该模型能够将传球的起点和终点与进球的概率联系起来（参见图 4-1）。这样，我们就可以为每次传球分配一个值，而不管传球之前或之后发生了什么。

埃姆里和我为每场比赛的每个动作分配了一个值，最后用它来评估保罗·博格巴。他之所以能脱颖而出有两个原因：其一，他有能力将球带回中场；其二，他能通过准确的长传反守为攻。在世界杯期间，他总能给出一些惊人的传球，将球从球场中央附近带回，转身传到对手半场内的队友脚下。他在增加法国队的得分机会方面比队中的其他队友都强。

巴萨也有一位扮演类似角色的球员——塞尔吉奥·布斯克茨。梅西是巴萨尽人皆知的进攻型球星，而布斯克茨则是推动球队从中场开始进攻的引擎。布斯克茨和博格巴有很多不同的地方，但是他们在中场的能力却非常相似。布斯克茨比博格巴大 5 岁，随着发动机的老化，其动力也会慢慢降低。

埃姆里和我共同开发的模型可以应用于每场比赛中的每位职业球员。它可以在几秒钟内用相同的方式评估这些球员，这样就能让团队挑选出满足球队特定要求的球员。当球员离开时，他们也可以找到相似的替代者。

评估球员表现的传统方式是让球探观看比赛并撰写报告。一个业内排名比较靠前的俱乐部的技术总监最近向我展示了他的潜力新人数据库。这里有在瑞典踢三级联赛的 17 岁孩子，也有在巴西踢青年联赛的 15 岁孩子。这些球员旁边的绿色对钩代表球探一直在观看他们的比赛。技术总监可以点击球员名字，通过不同的评估报告来全面了解一个新人球员。

我们的模型是对这种方法的补充。它着眼于球员将球从一组坐标带到另一组坐标的能力。球探在评估球员时，会根据自己的经验来评估球员在球场上的跑位，他对队友和对手的了解以及他与队友的合作方式。但不论多么出色的球探，都未必敢说自己评估了一名球员在英超联赛中的每一次传球。而我们的模型可以做到这一点。

我在和球探以及教练交流的时候，就这样描述了我所做的假设。我没有说"统计数据表明博格巴是世界杯上最好的中场球员"，而是说："如果我们关注一名球员能从中场带球到多远，那么无论是在世界杯赛场上还是在为曼联打比赛时，博格巴都是世界上首屈一指的球员之一。"

当我们与其他人交谈时，罗列出我们的假设以及结论是至关重要的，这不仅适用于讨论足球，在讨论我们关心的其他任何事情时都适用。将世界分为模型、数据和废话这一准则使我们对得出结论时所做的假设坦诚以待，它要求我们认真思考自己和他人的观点。

*

大多数评测技能的数学模型都基于马尔可夫假设方程，如下所示：

$$P(S_{t+1}|S_t) = P(S_{t+1}|S_t, S_{t-1}, S_{t-2}, \ldots, S_1) \qquad (公式4)$$

$P(S_{t+1}|S_t)$的含义与第 2 章的公式 2 中相同，$P$ 代表观测状态为 $S_{t+1}$ 的概率，符号"|"代表假定。这条公式里还有一些下标 $t + 1$, $t$, $t - 1$,…，对应着每个事件。总的来说，$P(S_{t+1}|S_t)$ 就是已知系统在时刻 $t$ 处于 $S_t$ 态，它在时刻 $t + 1$ 处于 $S_{t+1}$ 态的概率。

马尔可夫假设背后的核心思想在于，系统的未来状态仅取决于当前状态。公式 4 表明，系统 $t + 1$ 时的未来状态仅取决于它在当前时刻 $t$ 的状态，因此我们假设系统的未来状态和过去状态 $S_{t-1}$，$S_{t-2}$，…，$S_1$ 不相关。为了更具体地理解这一公式，请想象一位在忙碌的酒吧工作的酒保爱德华。爱德华的目标是以最快的速度为他的客人提供服务。客人的数量随时在变化，但是爱德华要尽可能接更多的订单。用数学语言描述的话，我们用 $S_t$ 表示第 $t$ 分钟等待点餐的人数。

想象一下爱德华工作时的场景。当他开始上班时，假设有 $S_1 = 2$ 个人在等待服务，这一点儿问题也没有。他为排队的第一个男人倒了几品脱啤酒，然后为排在他后面的女人拿了一杯葡萄酒。当他为这两位服务结束后，又有 3 个人在排队。因此，时刻 $t = 2$，等待人数为 $S_2 = 3$。爱德华为他们服务完后，在时刻 $t = 3$ 又有 $S_3 = 5$ 个人在等。这次他只能为其中的 3 个人服务，剩下 2 个没能得到服务的和新来的 4 个人加在一起得到 $S_4 = 6$。

马尔可夫假设告诉我们，要衡量爱德华作为调酒师的技能，我们只需要知道他为客户服务的速度如何：$S_{t+1}$ 是如何依赖于 $S_t$ 的。晚上早些时候的等待人数（$S_{t-1}$，$S_{t-2}$，…，$S_1$）与他此时的技能不再相关。对于调酒师而言，这是一个合理的假设。爱德华每分钟可以为2到3个人提供服务,这是$S_{t+1}$和$S_t$之间的差值。

爱德华的老板从来没有听过马尔可夫假设,他看到酒吧里有很多顾客在等,就得出爱德华的工作做得不好的结论。爱德华可以向老板解释马尔可夫假设,并向他解释两个速率,即顾客进入酒吧的速率和爱德华为他们服务的速率,而爱德华仅对后者负责。或者他可以说:"今晚真的很忙,你看看我调酒有多辛苦就知道了!"无论是哪种方式,爱德华都在使用马尔可夫假设来衡量自己的调酒技能。

公式4与到目前为止我们看到的其他公式都不一样,因为它没有直接给出答案。在前面3个公式中,我们将数据放入模型中,就能改善对当前或不久的将来的理解,但公式4只是一个假设。这是获得答案的一步,但是假设本身并不是答案。对于调酒,马尔可夫假设告诉我们要观察爱德华为他的客户服务的速率。我们在足球传球模型中做出了类似的假设:我们假设可以不用考虑博格巴拿到球之前和之后发生的事情。这个假设使我们能够衡量他的某个传球是如何帮助他的球队的。

在我们依据假设创建模型以及评估模型是否有效的时候,我们都必须坦然面对自己的假设。这也是我们与自我先生的区别,后者会把自己的不幸归咎于运气不好或他人的错误。建模者的技能是确定哪些事件需要包含在模型中,哪些事件可以忽略。我们应该如何刻画酒吧、足球队或其他类似组织的真实状态呢?

我们的假设当然也可能会出错。当我们为爱德华以最快的速度做好鸡尾酒而欢呼时,他的老板第二次从办公室探出头来。这次她看到一大堆没洗的酒杯，爱德华忘记打开洗碗机了！我们的错误以及爱德华的尴尬处境都源于一个错误的假设：我们认为在酒吧里唯一重要的事情就是应对顾客，却忘记了洗杯子也同样重要。

经理教爱德华如何打开洗碗机，并告诉他，从现在开始，她将根据他清洗杯子的速度和服务顾客的速度来判断他的技能。他们重新修改了模型，例如，状态 $S_t = \{5, 83\}$ 代表酒吧里有 5 位等候的顾客和 83 个要洗的玻璃杯。现在，爱德华和经理都满意了。但后来经理又注意到爱德华忘了带走客人点的食物……

审视自己的生活时，成功的关键是清楚地认识到你要改善哪个方面。例如，你可能认为薪水是衡量进步的最重要的因素。但马尔可夫假设告诉你不必对过去获得的加薪考虑太多，这跟你如今的状态已不再相关，而应该将更多的重心放在如何依靠当前的行为提升收入上。要承认，薪水对你来说很重要，但是，如果你在工作上投入的时间过长，你的恋爱关系会受到影响，这时候你就需要向你所爱的人解释你的假设的错误，并修正假设，重新开始。

\*

A. J. 艾耶尔在《语言、真理与逻辑》中概述的可验证性原则源于维也纳学派哲学家的思想。这个圈子的核心人物是物理学家莫里茨·石里克（Moritz Schlick）和鲁道夫·卡尔纳普（Rudolf

Carnap），后者曾是伟大的逻辑学家和数学家戈特洛布·弗雷格（Gottlob Frege）的学生。[1] 闷闷不乐的路德维希·维特根斯坦为该运动做出了极大的贡献。他在剑桥大学时师从伯特兰·罗素，本来并不是这个圈子的活跃分子，但维特根斯坦于 1922 年出版的《逻辑哲学论》最清楚地表述了所有有意义的论述都必须对照数据进行验证的论点。维特根斯坦的第七个主张——"不可说之处，必须保持沉默"——让所有试图质疑可验证性的重要性的人闭上了嘴。

1933 年，年仅 22 岁的 A. J. 艾耶尔不知怎么得到了加入维也纳圈子讨论的机会，三年后，他的书出版了。通过他，这个圈子所推崇的方法（被称为逻辑实证主义）从欧洲大陆传到英国。第二次世界大战把卡尔纳普和他的想法带到了美国。到"二战"胜利时，几乎整个西方世界都接受了实验验证的原则。

20 世纪上半叶，逻辑实证主义思维改变了拜十会。随着爱因斯坦使用新的数学方法重述了物理定律，模型已经成为所有科学研究的重点。这种方法被赋予了独一无二的权威。模型和数据不仅是了解世界的一种方式，也是了解世界的唯一途径。

处于各个研究圈子的拜十会成员中，专门学习维特根斯坦、罗素、卡尔纳普和艾耶尔的并不多。他们中的一些人读过哲学，但是大多数人只是按照自己的推理来思考如何应用模型，并得出了与这些哲学家相似的结论。前面我们强调过，拜十会成员的脑海中并没有拜十会这一概念，因此他们不可能召开会议来决定其原则。逻辑实证主义恰好契合了当时的社会思潮，它准确地描述了自棣莫弗首次提出置信公式以来他们一直在做的事情。

目前，拜十会在整个欧洲已经进入了黄金时期。因马尔可夫链闻名的安德烈·马尔可夫在世纪之交的俄国建立了拜十会，但是在革命之后，在新成立的苏联，另一位安德烈，即安德烈·柯尔莫戈洛夫成为领导者。柯尔莫戈洛夫写下了概率公理，将棣莫弗、贝叶斯、拉普拉斯、马尔可夫等人的工作合并为一个统一的框架。现在，拜十会的秘密代码可以直接从教师传递给少部分学生。在夏天的时候，柯尔莫戈洛夫会开放他的乡村大别墅，并邀请他最聪明的学生参加。每个学生都被安排在一个单间里，集中精力解决一个问题。柯尔莫戈洛夫依次踏入每个房间，讨论每个问题，训练学生的技能，并传递秘密代码。尽管其他地方有清洗行动，但苏联领导人一次又一次地给予了拜十会信任，以推动其社会理念向前发展，帮助其建立太空计划以及设计新经济制度。

欧洲各地也传播着类似的自由思想，他们对拜十会充满了信任。在英国，数学的中心在剑桥：罗纳德·费希尔用方程重写了自然选择理论；艾伦·图灵描述了他的通用计算机模型，并奠定了计算机科学的基础；约翰·梅纳德·凯恩斯在本科时的数学研究改变了政府做出经济决策的方式；伯特兰·罗素整合了西方哲学。"二战"结束时，戴维·考克斯还是一名剑桥大学的本科生。

拜十会在奥地利、德国和斯堪的纳维亚半岛接连解决了一些物理问题。埃尔温·薛定谔写出了量子力学方程，尼尔斯·玻尔给出了原子理论的数学基础，阿尔伯特·爱因斯坦做出了使他扬名世界的研究。200年前流放了棣莫弗的法国人直到"二战"结束后才完全相信可验证性原则（甚至在那时还没有被完全说服）。然而，法国数学家亨利·庞加莱奠定了混沌理论的数学基础。

拜十会最重视的就是模型和数据，它不受宗教信仰的影响。理查德·普莱斯赋予评价公式的基督教教义被悄悄地放弃了。因为上帝的存在是无法验证的，所以上帝给了我们数学真理这一假说被认为是毫无意义的。我们可能生活在柏拉图的寓言洞穴中是一句废话。置信公式起源于赌博这一事实对其适用性没有影响，所有宗教和道德观念都将被搁置，取而代之的是严格的、可验证的思想。

＊

一群由现代拜十会成员组成的小组正坐在一起讨论当今世界的重大问题：相对论、气候变化、棒球或英国脱欧民意调查。在过去的100年中，拜十会所讨论的主题发生了变化，但是讨论的内核没有改变，其特点在于精确性。拜十会的成员十分清楚自己所做的假设，他们讨论自己的模型能解释世界的哪些方面，不能解释哪些方面。当模型与事实不吻合时，他们会仔细比较假设并研究数据。那些能够很好地解释数据的建模者可能会有一种自豪感，被迫承认自己的模型不起作用的建模者则可能会有一种轻微的挫败感，但他们都知道这与他们无关。更宏大的目标是建模本身：找到错误最少的解释。

不讲模型和数据的人要么受到冷漠的告诫，要么被礼貌地忽略，这些人包括心怀偏见的政客、怒吼的足球教练和愤怒的球迷，以及过度狂热的气候活动家和无知的反对者，文化战争的解释者和激进的政治活动家，甚至包括唐纳德·特朗普和厌女者。拜十会这个小团体越来越接近真理，而其他人则逐渐远离真理。

*

卢克·博恩穿着T恤衫，对着电脑摄像头露出放松的微笑。我们于2019年2月通过网络视频电话会面：他在加利福尼亚萨克拉门托的明亮的办公室里，而我身处瑞典漆黑的地下室里。在他的身后是萨克拉门托国王队的篮球上衣，上面印着他的名字，而在办公室的另一侧则是一排排常见的学术书籍。我们之间的时差体现在我们不同的精力水平上：当我坐下来试图思考我的问题时，卢克坐在办公室的椅子上转来转去，从书架上拿出本书，并展示给我看。

卢克是国王队的战略与分析副总裁，他并不是遵循传统的职业道路进入篮球界并担任目前的职位的。他指着身后说："上次招聘数据分析师时，我们收到了超过1 000份的简历，大多数人从小的梦想就是从事体育工作。""就这么大"，他用手比画出差不多4岁孩子的身高。"我的故事不太一样，"他继续说道，"我当时刚获得了哈佛大学的一份学术职位，为动物运动和气候系统建模，而那时候我幸运地与柯克·戈德斯伯里（Kirk Goldsberry，NBA分析师和圣安东尼奥马刺队前策略师）见了一次面，他向我展示了他的所有篮球数据。"

卢克对观测结果十分着迷。他们观测了包含球员的健康情况、关节的负荷数据、训练和比赛中所有球员的运动方式、传球和投篮等信息。关于篮球的所有数据都被记录下来，但球队的教练很少用。

卢克兴奋地说道："对我来说，这不是一个炫酷的运动项目，这实际上是我遇到的最有趣的科学挑战。"

他的技能刚好可以应对这一挑战，并迅速取得了成果。在2015年麻省理工学院斯隆运动分析会议上发表的一篇论文中，他和柯克提出了一系列新的篮球防守指标，称为"对位点"。卢克的方法取得了成功，并引起了意大利罗马足球俱乐部老板的兴趣，后者聘任其为分析主管。在罗马，他很快学会了如何用图形和射门图直观地交流信息，这是一种将数学思想传达给球探和教练的有效方法。正是在他任职罗马期间，俱乐部签下了两名世界级球员，包括前锋穆罕默德·萨拉赫和门将阿利松·贝克尔，他们后来都离开罗马加入了利物浦，而且在2019年获得了欧冠联赛的冠军。

他告诉我："我当然不会说签约他们是我的功劳，足球转会中有太多需要考虑的东西了。但是我要说的是，萨拉赫和贝克尔是我去国王队之后才离开的。对于俱乐部卖掉他们，我可不负责！"

当我告诉卢克我对马尔可夫假设很感兴趣时，他的脸上浮现出比谈论足球转会还要高兴的神情。

他说："我们早在介绍防守对位系统的论文中就使用了马尔可夫假设。"

卢克的对位系统会自动识别谁在防守谁，从而使他能够衡量一对一情况下球员的排名。例如，在 2013 年圣诞节的圣安东尼奥马刺队和休斯敦火箭队之间的一场比赛中，马刺队的前锋科怀·伦纳德准确地预测了火箭队詹姆斯·哈登的防守位置，在这场比赛中，伦纳德排名第一，在比赛中拿了 20 分。卢克的算法将其中的 6.8 分归因于对哈登防守的得分。

卢克笑着说："我们都想寻找'上帝模型'，希望它能精确地告诉勒布朗·詹姆斯下一步应该做什么，才能获得最大的得分机会。但是我们都知道这是不可能的。"

建立一个有用模型的关键在于如何确定已知量和假设。上帝模型会把过去发生的一切作为已知量：勒布朗·詹姆斯的每次训练，打过的每一场比赛，每天吃的早餐以及比赛前如何系鞋带。这些内容都位于公式 4 的右边，它包括了詹姆斯一生中投篮之前的所有活动。卢克作为一个建模者需要确定哪些事情可以忽略，当他做出马尔可夫假设时，他需要决定公式 4 的左侧有哪些因素。

卢克继续说道："当我们为勒布朗·詹姆斯建立模型时，我们会考虑他在场上的位置、防守是否严密以及队友的位置。然后，我们会假设发生在此前几秒的所有事都是不相关的。在大多数情况下，这种假设是可行的。"

我问卢克，他的假设如何解释解说员在比赛最后五到十分钟时得出的"他今天的表现似乎没那么犀利"或"这位球员势不可当"的结论。

"那都是偏见，"卢克回答，"球员投篮是否命中的最佳预测指标不是最近 5 次投篮的平均值，而是他和他的对手在该时间点在球场上的位置以及他作为球员的整体素质。"

篮球中的一个重要问题是，进攻球员何时应该将球传给三分线外的队友（三分线内靠近球网一侧的投篮得分为 2 分，而如果球员起跳时位于三分线之外，得分为 3 分）。利用马尔可夫假设，卢克得以在计算机模拟中重现整个美职篮赛季的比赛。在一次"替代现实"的模拟中，三分线内的虚拟玩家被迫传球或运球至三分线位置。模拟的结果很明显：除非球员靠近篮筐，否则最好将球传出三分线并投出球。

詹姆斯·哈登正是在这里展现了他作为球员的真正价值。哈登得分超过 50 分的比赛场数比美职篮现役其他球员（包括勒布朗·詹姆斯）都要多，他的成绩在很大程度上归功于三分球。他在三分线上的假动作让对手觉得他会运球突破，但其实他会后退到三分线外，投出球。

在卢克的模型中，詹姆斯·哈登所在的火箭队在三分球方面是最接近于数学完美模型的球队。鉴于他们的总经理达里尔·莫雷毕业于西北大学计算机科学与统计学专业，这也许并不奇怪。这位数学家先于卢克得出了他的结论。哈登早就开始实施三分球策略了，后来这也被称为"莫雷球"。

篮球在球场上是一种体育竞技，在球场外则变成了一场数学思维的较量，这场较量关乎谁能在模型中提出最好的假设。卢克现在会使用过渡概率张量的方法，将防守压力和进攻时限纳入他的马尔可夫假设中，这让他能够决定，在进攻倒计时走到 0 秒之前，应该怎样抓住机会投出一个两分球。卢克的过渡概率张量可能不如哈登的三分球那么惊人，但肯定同样优雅。

*

《点球成金》这部电影的主角比利·比恩的故事是我们这个时代最伟大的传奇冒险故事之一，他是一名棒球教练，由布拉德·皮特饰演。这部电影讲述了在资金有限的情况下，在联赛中处于劣势的奥克兰运动家队的总经理是如何根据球员的统计表现组建一支全由古怪球员组成的球队的，最后这支球队在比赛中取得了 20 连胜。

在《点球成金》的结尾，比恩得到了波士顿红袜队的一个高薪职位，但他拒绝了，留在了他心爱的奥克兰运动家队。这是属于电影的浪漫结局，但它并没有反映出棒球界的现实。

比恩曾是一名棒球运动员，但没有受过统计学或经济学的训练。不过，在大多数情况下，当其他棒球俱乐部的老板希望复制比恩的成功时，他们并不会去找像他这样思想开明的前职业球员，而是直接去找数学家。比恩所使用的统计方法由比尔·詹姆斯（Bill James）发现，他确实在波士顿红袜队获得了一个职位，自 2003 年以来一直为他们工作。红袜队还任命了数学专业毕业生汤姆·蒂皮特（Tom Tippett）作为其棒球信息总监。

另一支在统计方面取得成功的球队是坦帕湾光芒队，他们在 2010 年聘请了哈佛商学院的助理教授道格·费林（Doug Fearing）

到运营研究部任职。道格在那里工作的 5 年间，光芒队三次进入分区系列赛，但他们的球员薪水在美国职业棒球联盟中非常低。[2]后来道格进入了洛杉矶道奇队，道奇队的分析小组由 20 个人组成，其中至少有 7 个人拥有统计学或数学硕士或博士学位。他们分析了防守位置、击球顺序、球员合同期限等所有数据。

道格于 2019 年 2 月离开洛杉矶道奇队，创办了自己的体育分析公司。我当时正好有机会接触他，我还记得问他的第一件事是他是不是棒球迷。

道格开玩笑说："相对于一些从事体育运动的人来说，我可能不是粉丝。但相对于大多数人，我绝对是铁杆粉丝。"道格一生都支持道奇队，为他们工作是他梦寐以求的。

现代棒球分析源于对这项运动感兴趣的业余统计学家的工作。当我向道格咨询"点球成金"理论时，他告诉我"奥克兰队的成功很大程度上归功于保罗·德波德斯塔（《点球成金》中乔纳·希尔所扮演的角色的原型）将已被用在公共领域的有效方法运用在俱乐部的内部决策中"。

在道格看来，职业生涯成功、对比赛的直觉反应准确的棒球队总经理会逐渐被具有常春藤高校背景、了解数据分析的大学毕业生所取代。

道格告诉我："棒球可以被看作击球手和投手之间一对一的比赛。因此，马尔可夫假设在很多情况下都非常有效。"因为棒球可以应用马尔可夫假设，所以它比其他运动更容易分析，因此这个领域很快被数学家接管。

道格热情地谈到了20世纪六七十年代关于棒球分析的早期经典学术文章。乔治·R.林赛（George R. Lindsay）在1963年发表的文章中使用统计模型来分析问题，例如跑垒者何时应尝试盗垒，以及守备队何时应该把他们的内野手放在击球手附近。他的马尔可夫假设是，出局的人数和跑垒者在各垒的排列代表了比赛的状态。他根据自己的父亲查尔斯·林赛上校手工整理的1959和1960赛季的6 399场半局数据测试了他的模型，从中找到了最佳的击球和守场策略。林赛在其文章的开头提醒道："必须重申的是，这些计算基于一个虚拟的场景，即所有参赛者都是平均水平。"[3]

这种有些过分的诚实，即认为自己的模型是虚拟的同时又觉得它很有用，表明他是一个真正的数学建模者。对假设的准确报告与对结果的准确报告同样重要。

总体而言，这些数学模型是由竞技体育圈子之外的人发现的：那些对统计数据着迷并希望解释它们的人。一旦数字的力量在一项运动中得到公认，知道密码的人就会受到欢迎，而没有技能的人将离开。在棒球比赛中，这一转变已经完成。篮球中这一局面正在形成，足球中它已开始占主导地位。利物浦足球俱乐部的老板是美国商人约翰·W.亨利，就是这家俱乐部挖走了卢克在罗马时签下的最好球员。约翰·W.亨利也是将比尔·詹姆斯带到波士顿红袜队的那个人。利物浦还请理论物理学家伊恩·格雷厄姆（Ian Graham）为他们招募人才。当利物浦在2019年赢得欧冠联赛冠军时，《纽约时报》采访了格雷厄姆和分析师兼物理学家威廉·斯皮尔曼（William Spearman），探讨了他们在球队获胜中的作用。[4]俱乐部批准了这次采访，也表明他们认为球队进步的一部分功劳在于分析师团队。2018—2019 年英超联赛冠军得主曼彻斯特城也拥有庞大的数据分析师团队，众所周知，2019 年西甲冠军巴萨也是如此。其他球队，最著名的是曼联，似乎还没有赶上这一波潮流，看来他们还不清楚保罗·博格巴对他们的真正价值。

但曼联已经感受到了危机。适用于生活中其他地方的规则也适用于运动。模型胜，废话败。

*

如果你想衡量自己或他人的技能，你首先需要明确你的假设是什么。你采取行动之前的状态是什么，采取行动之后的状态又是什么？然后，你需要明确你想改善生活的哪些方面。也许你想学习更多的数学知识，或者想多跑跑步。坦率地承认你目前的状态：你知道哪些公式、不知道哪些公式，或者你每周跑多少千米。这些都是你当前的状态。把这些记录下来，然后开始努力。一个月后再查看你的新状态。技能公式告诉你，在开始之前，要对你的假设保持诚实。不要以实现其他目标为借口来为自己的失败辩护，也不要因为生活中其他地方的失败而分心，否认了自己的成功。但是在继续前进之前，请重新评估你的假设，评估你真正想要改善的地方。不要沉迷于过去。用马尔可夫假设忘记过去，专注于未来。

与卢克·博恩的交谈使我意识到，我需要提升一些技能。与自我先生交谈时，我需要更友好、更耐心。撇开我在本章开头对他形象的描述，自我先生确实有一些优点：他有经验、有干劲儿，待人友善，而且他了解并且热爱他参与的这项运动。如何阻止自我先生说这么多废话，让他更加专注于模型和数据呢？

卢克告诉我，他经常参加潜力新星的评选会，通常评选会以一个球探的提问开始："你喜欢这个人吗？"他们在讨论最近看过的一个球员。

"我觉得他还可以。"另一位球探说。

"我也觉得他非常棒，他是为足球而生的。"第三位球探说。

"好吧，我不喜欢他。"第一位球探说。

在这种情况下，卢克会尝试用统计数据来给出一些结论。他对第三名球探，也就是那个觉得该球员为足球而生的人说："你看的是这个人 11 月 22 日的比赛，但是统计数据表明，这是他有史以来最高光的一场表现，所以……"

从那时开始，讨论的信息变得更全面。他们可能会一起观看该球员的比赛录像，并一起讨论这场比赛在他比赛生涯中的代表性。

在卢克进入体育运动的研究时，体育俱乐部的工作人员所具有的开放心态让他印象深刻。他遇到的每个球探都希望获得一切可用的信息。就像数学家一样，他们渴望数据。卢克尝试用底层模型提供组织这些信息的方法，他告诉我："我们要诚实对待我们的模型。我们会将数据和模型的假设摆到球探面前，这会成为他们讨论的基础。"

他为俱乐部的其他部门提供统计摘要、图表、新闻报道以及他们需要的其他东西。他在讲话时尽量避免使用"数据"一词，因为这个词通常会引发一场应该信赖数据还是信赖人的直觉的争论。他将自己视为信息的提供者，正如卢克所说："谁不想要更多信息呢？"

我对他把自己视为一种信息来源这件事很感兴趣，并忍不住指出："你说话的方式让人觉得你把自己置于比球探更低的位置上……"

卢克经过一番思考后回答："可能吧，在某种意义上是这样。我不需要成为国王队最聪明的那个人。我宁愿成为一个使其他人都变得更聪明的人。"

按照我的经验，这种谦虚是许多优秀的应用数学家和统计学家的特征。

我回想起与戴维·考克斯爵士的讨论。当我们谈及天才这一概念时，他沉思了一会儿，然后对我说："我不会用'天才'这个词，这是一个很强的概念。"他思考良久，继续说道："我从未听过有人用过'天才'这个词，除非你提到的是 R. A. 费希尔。"费希尔是剑桥大学的一位统计学家，被公认为现代统计学之父。"即使如此，"他补充说，"他们使用这个词的时候可能也会略带讽刺意味。可能这很英式，但我认为这个词太夸大了。"戴维爵士又列举了一些他认为是天才的人：毕加索、莫扎特和贝多芬。

在谈论数学的应用时，我们经常使用"天才"一词：把数学应用于物理学的阿尔伯特·爱因斯坦、应用于经济学的约翰·纳什和应用于计算机科学的艾伦·图灵。他们的贡献无疑是巨大的，但是"天才"这个词并不能正确反映我们应该以何种态度看待这些工作。"天才"这个词让这些理论看起来遥不可及，把数学家变成了一位"自我先生"，因为他们认为自己比其他人更聪明。

巴萨是有天才的。利昂内尔·梅西、塞尔吉奥·布斯克茨、塞缪尔·乌姆蒂蒂，以及很多人，他们眼中的世界与我们截然不同，他们的表现创造了其他人无法复制的艺术。

拜十会的成员不是天才。我们提出的想法是可重复的，也是可以度量的。我们收集并整理数据，接着把废话剔除，然后提供模型。拜十会成员最出色的工作都是你看不到的。

# 第5章

# 影响力公式

$$A \cdot \rho_\infty = \rho_\infty$$

你是否考虑过你是你，而不是其他人的概率是多少？我指的不是一个略有不同的人，不是说他去过迪士尼乐园而你没有，或者他看过《星球大战》的所有电影而你没有，我的意思是一个完全不同的人：一个出生在另一个国家，甚至生活在另一个时空的人。

我们这个星球的人口将近 80 亿，这意味着你成为某个人的概率约为 80 亿分之一。你猜对英国 49 球彩票中所有 6 个数字的可能性约为 1 400 万分之一，因此你中彩票的概率是你成为你这个概率的 570 倍。

有时候我会在脑中想象一个宇宙，每天早上醒来我都会变成一个不同的人。上面的计算告诉我们，连续两天以同一个身份醒来的可能性小到可以忽略不计——发生这种情况的可能性将是 80 亿分之一。但是每天都在同一个城市中醒来的可能性是多少？我居住的瑞典乌普萨拉市有大约 20 万居民。从全球的视角来看，这意味着我明天在这里醒来的概率仅为四万分之一。如果继续想下去，在接下来的 50 年里每天早上醒来都会成为一个随机的人，那么我在某个时刻回到乌普萨拉的可能性约为 50%。可以通过掷硬币来决定我在自己的家乡再次看到日出的概率。

在这一趟随机的旅程中，我每两年能在伦敦待一天，在洛杉矶待一天。我每年将有近一天的时间在纽约、开罗和孟买。[1] 到拥有 3 800 万人口的东京的概率是每年两次。在某一个特定城市中醒来的可能性仍然很小，但在人口稠密的城市地区醒来的可能性比乡村更大。我每天最有可能醒来的地方是中国，其次是印度。如果说这个随机穿越的设定具有某种稳定性，那只能是这两个国家。这两个国家总共有 28 亿人口，我一周的大约两天半的时间可能住在这里。与平均每月访问一次的美国相比，我去非洲则要频繁得多，大约每周一次。这趟旅程可能永远不会把我带回起点，这也提醒了我，我既是独一无二、不可思议的存在，又完全不重要。

现在想象一下，我醒来后不会成为一个随机的人，而是成为我在照片墙社交软件上关注的一个人。我算不上社交网络的大用户，只关注我的朋友，所以我醒来就会成为我在学校的朋友，也可能是其他大学的同行。我将控制他们的身体一天，了解他们的生活状况，甚至向原本的我发送信息，然后在他们的床上过夜并从另一个人身体里醒来，这个人是从我关注的人所关注的人中随机选择出来的。

我甚至可能会以戴维·森普特的身份醒来。通常来讲，一个照片墙用户会关注 100 到 300 个人，因此，鉴于我与我关注的所有人都是互相关注关系，因此我有机会（大约 1/200）再次成为我自己。但无论如何，我都很可能会在我的社交群体里周游一圈，成为朋友的朋友以及在文化和背景上与我相似的那些人。

接下来可能会发生一些彻底改变我的生活的事，我可能作为克里斯蒂亚诺·罗纳尔多醒来。好吧，也许不是 C 罗，也许是凯莉·詹娜、巨石强森或爱莉安娜·格兰德。尽管不一定是这些人，但是可能更趋近明星这个团体。在旅程开始的大约一周后，我将成为照片墙上的名人之一。这些名人拥有数亿粉丝，我的社交网络中也有些人关注这些明星，那么我迟早会进入他们的身体。

我可能在这个名人世界待上一周甚至更长的时间。克里斯蒂亚诺关注了德雷克、诺瓦克·德约科维奇，史努比·狗狗[①]和斯蒂芬·库里，这让我在体育明星和说唱歌手的身份之间来回移动。从德雷克那里开始，我可能会变成法瑞尔·威廉姆斯，然后是麦莉·赛勒斯。从她那里我可能变成维罗·史密斯和赞达亚。现在，我已自由穿梭在音乐艺术家和电影明星的世界之中。

然后，在成为名人的两周之后，发生了另一种变化，这种变化比以史努比·狗狗的身份醒来更具戏剧性。一天早上，在花了一天时间拍摄动作电影之后，我成为巨石强森在学校时的朋友。至此，我意识到了一个可怕的事实：我迷路了，我几乎没有机会再

---

① 史努比·狗狗（Snoop Dogg）原名小卡尔文·科多扎尔·布罗德斯（Calvin Cordozar Broadus Jr.），是美国说唱歌手、制作人。——编者注

次成为戴维·桑普特了。我会在名人圈徘徊，和明星们一起逛街，分享我的半裸照片。我还将成为二线明星，偶尔在普通人的身体中短暂停留一段时间，然后再次回到闪亮的明星世界。

明天我再次成为自己的可能性确实很小——可能只有万亿分之一，甚至更低。照片墙上的所有随机旅程都指向名人，并停留在那里。

*

21 世纪最重要的一个公式写成如下形式：

$$A \cdot \rho_\infty = \rho_\infty \qquad \text{（公式 5）}$$

这个公式是一个价值万亿美元产业的基础，是谷歌、亚马逊、脸书、照片墙这些公司互联网业务的核心，逻辑回归给博彩行业所带来的几十亿美元收入在它面前都相形见绌。它是超级巨星的创造者，是平凡生活的消音器。它是社交和意见领袖的缔造者。它是我们永无止境地渴求关注、痴迷于自身形象、对时尚失望又迷恋的原因，是我们追逐名人的动力。它也是人们会在铺天盖地的植入式广告中迷失自我的原因。它塑造了我们互联网生活的每个部分。

这就是影响力公式。

你可能以为这样一个重要的公式会难以理解，其实不然。实际上，我刚刚在想象自己成为C罗、巨石强森或维罗·史密斯时已经解释过了。我们需要做的只是将符号 $A$（被称为关联矩阵或者相关性矩阵）和 $\rho_t$（在时刻 $t$ 成为社交网络中每个人的概率向量）与我们刚刚想象的在照片墙上进行的身份置换关联起来。

为了将连接矩阵可视化，请在脑海里绘制一个电子表格，表格的行和列都是人名。每个单元格给出了第二天我们以一个不同的身份醒来的概率。想象一个只有 5 个人的世界：我自己（DS）、巨石强森（TR）、赛琳娜·戈麦斯（SG）和两个我不认识的人，我姑且称他们为王芳（WF）和李伟（LW）。如果像我在第一个思想实验中所做的那样，我们每天醒来都会成为一个随机的人，那么矩阵 $A$ 将有如下的形式：

$$
A = \begin{matrix} & \begin{matrix} \text{DS} & \text{TR} & \text{SG} & \text{WF} & \text{LW} \end{matrix} \\ \begin{pmatrix} 1/5 & 1/5 & 1/5 & 1/5 & 1/5 \\ 1/5 & 1/5 & 1/5 & 1/5 & 1/5 \\ 1/5 & 1/5 & 1/5 & 1/5 & 1/5 \\ 1/5 & 1/5 & 1/5 & 1/5 & 1/5 \\ 1/5 & 1/5 & 1/5 & 1/5 & 1/5 \end{pmatrix} & \begin{matrix} \text{DS} \\ \text{TR} \\ \text{SG} \\ \text{WF} \\ \text{LW} \end{matrix} \end{matrix}
$$

该矩阵的行和列由 5 个人的名字缩写标了出来。每天我都会检查我当前的身份所在的列，然后对应的这一行的值就是我明天成为某个人的可能性。$A$ 中的每个数值都是 1/5，这告诉我们，明天我成为五个人中的任何一个（包括我自己）的概率都相等。

如果像我在第二个思想实验中所做的那样，我醒来时会变成我在照片墙上关注的某人，那么矩阵将变成另一种形式。为了使问题更有趣一些，让我们假设巨石强森想解决某个数学问题，并决定在照片墙上关注我。此外，我们假设赛琳娜·戈麦斯在她的一场演唱会上认识了王芳和李伟，并觉得他们在一起看起来很般配（我忘了说他俩是一对），于是在照片墙上关注了他们。当然，每个人都关注了赛琳娜和巨石强森。于是现在我们有：

$$A = \begin{array}{c} \\ \\ \\ \\ \\ \end{array} \begin{array}{ccccc} \text{DS} & \text{TR} & \text{SG} & \text{WF} & \text{LW} \\ \begin{pmatrix} 0 & 1/2 & 0 & 0 & 0 \\ 1/2 & 0 & 1/3 & 1/3 & 1/3 \\ 1/2 & 1/2 & 0 & 1/3 & 1/3 \\ 0 & 0 & 1/3 & 0 & 1/3 \\ 0 & 0 & 1/3 & 1/3 & 0 \end{pmatrix} & \begin{array}{c} \text{DS} \\ \text{TR} \\ \text{SG} \\ \text{WF} \\ \text{LW} \end{array} \end{array}$$

从我还是戴维·桑普特的那天算起，第二天我只能成为两个人中的一个：赛琳娜或巨石强森，所以第一列对应于这两行的数据均为 1/2。巨石强森也是如此，而其他每个人能成为 3 个人中的一个。矩阵中的对角线元素为 0，这意味着我们不能在第二天再次成为自己，因为我们不会关注自己。

注意，此处我使用了马尔可夫假设（第 4 章的公式 4）来创建模型。我假设我两天前成为的那个人对我明天的身份没有影响。实际上，矩阵 $A$ 也可以被称为马尔可夫链（马氏链），因为 $A$ 告诉我们事件链的下一步将如何进展仅取决于当前事件。

现在，我们通过追踪马氏链 $A$ 来标记每一天的进展。假设在第一天我以戴维·桑普特的身份醒来，那么我们可以根据如下公式算出我明天可能成为谁：

$$
\begin{array}{ccccc}
\text{DS} & \text{TR} & \text{SG} & \text{WF} & \text{LW}
\end{array}
\quad \text{第1天} \quad \text{第2天}
$$

$$
\begin{pmatrix}
0 & 1/2 & 0 & 0 & 0 \\
1/2 & 0 & 1/3 & 1/3 & 1/3 \\
1/2 & 1/2 & 0 & 1/3 & 1/3 \\
0 & 0 & 1/3 & 0 & 1/3 \\
0 & 0 & 1/3 & 1/3 & 0
\end{pmatrix}
\cdot
\begin{pmatrix}
1 \\ 0 \\ 0 \\ 0 \\ 0
\end{pmatrix}
=
\begin{pmatrix}
0 \\ 1/2 \\ 1/2 \\ 0 \\ 0
\end{pmatrix}
\begin{array}{l}
\text{DS} \\ \text{TR} \\ \text{SG} \\ \text{WF} \\ \text{LW}
\end{array}
$$

我将在尾注中详细说明如何对矩阵进行乘法运算，[2]但是要注意的重要一点是等号两侧的括号中的两列数字。这两列数字被称为向量，其每一行都包含一个介于 0 和 1 之间的数字，该数字衡量的是我在某一天成为某个人的可能性。在第一天，我是戴维·桑普特，所以我在第一行是 1，其他所有行都是 0。在第 2 天，我会成为赛琳娜·戈麦斯或巨石强森（戴维·桑普特关注的两个人），因此向量中对应到他们的行是 1/2，对应到其他人的行是 0。

在第 3 天，事情开始变得越来越有趣。现在我们有：

$$
\begin{array}{ccccc}
\text{DS} & \text{TR} & \text{SG} & \text{WF} & \text{LW}
\end{array}
\quad \text{第2天} \quad \text{第3天}
$$

$$
\begin{pmatrix}
0 & 1/2 & 0 & 0 & 0 \\
1/2 & 0 & 1/3 & 1/3 & 1/3 \\
1/2 & 1/2 & 0 & 1/3 & 1/3 \\
0 & 0 & 1/3 & 0 & 1/3 \\
0 & 0 & 1/3 & 1/3 & 0
\end{pmatrix}
\cdot
\begin{pmatrix}
0 \\ 1/2 \\ 1/2 \\ 0 \\ 0
\end{pmatrix}
=
\begin{pmatrix}
1/4 \\ 1/6 \\ 1/4 \\ 1/6 \\ 1/6
\end{pmatrix}
\begin{array}{l}
\text{DS} \\ \text{TR} \\ \text{SG} \\ \text{WF} \\ \text{LW}
\end{array}
$$

在我们 5 个人的星球上，我可以是任何人。我更有可能是戴维·桑普特或赛琳娜·戈麦斯，但我也有可能（以各 1/6 的概率）成为巨石强森或赛琳娜的中国粉丝之一。让我们再乘一次连接矩阵以便了解一下我在第 4 天可能成为谁：

$$
\begin{array}{cccccc}
\text{DS} & \text{TR} & \text{SG} & \text{WF} & \text{LW} & \text{第3天} \quad \text{第4天}
\end{array}
$$

$$
\begin{pmatrix}
0 & 1/2 & 0 & 0 & 0 \\
1/2 & 0 & 1/3 & 1/3 & 1/3 \\
1/2 & 1/2 & 0 & 1/3 & 1/3 \\
0 & 0 & 1/3 & 0 & 1/3 \\
0 & 0 & 1/3 & 1/3 & 0
\end{pmatrix}
\cdot
\begin{pmatrix}
1/4 \\
1/6 \\
1/4 \\
1/6 \\
1/6
\end{pmatrix}
=
\begin{pmatrix}
6/72 \\
23/72 \\
23/72 \\
10/72 \\
10/72
\end{pmatrix}
\begin{array}{l}
\text{DS} \\
\text{TR} \\
\text{SG} \\
\text{WF} \\
\text{LW}
\end{array}
$$

我们看到，明星扮演了更重要的角色。从第 4 天的向量中我们看到，我成为巨石强森或赛琳娜·戈麦斯的概率是 23/72，几乎是我成为戴维·桑普特概率的 4 倍。

每次乘上连接矩阵 $A$，我们都会向未来前进一天。我之所以要思考我能成为这个 5 人世界中的谁这一问题，就是想知道，在更长的时间尺度上，我成为这 5 个人的时间各自有多少。

这就是公式 5 回答的问题。要知道它是怎么回答这一问题的，我们可以将包含数字的矩阵和向量用符号代替。前面的矩阵被记为 $A$，现在让我们记向量为 $\rho_t$ 和 $\rho_{t+1}$，那么我们就能以更简洁的形式重写上面的公式：

$$
A \cdot \rho_t = \rho_{t+1}
$$

$\rho_t$ 给出了在时刻 $t$ 成为社交网络中某个人的概率。我们在上一章中也用下标 $t$ 表示时间。到目前为止我们看到

$$\rho_1 = \begin{pmatrix} 1 \\ 0 \\ 0 \\ 0 \\ 0 \end{pmatrix}, \rho_2 = \begin{pmatrix} 0 \\ 1/2 \\ 1/2 \\ 0 \\ 0 \end{pmatrix}, \rho_3 = \begin{pmatrix} 1/4 \\ 1/6 \\ 1/4 \\ 1/6 \\ 1/6 \end{pmatrix} \text{和} \ \rho_4 = \begin{pmatrix} 6/72 \\ 23/72 \\ 23/72 \\ 10/72 \\ 10/72 \end{pmatrix} \begin{matrix} \text{DS} \\ \text{TR} \\ \text{SG} \\ \text{WF} \\ \text{LW} \end{matrix}$$

现在我们回到公式 5:

$$A \cdot \rho_\infty = \rho_\infty$$

我们用无穷大符号 ∞ 替换了上式中的 $t$ 和 $t+1$，这样做的含义是，随着时间往无穷远的未来推移，$t$ 和 $t+1$ 之间将没有区别。仔细考虑一下这里的思想，意味着只要我们在不同人的身体里穿梭了足够多的天数，那么再过一天也不会有什么变化，也就是成为特定的人的概率不再变化了，这个概率用 $\rho_\infty$ 表示。我们称 $\rho_\infty$ 为平稳分布，因为它表示我们处在每个态（身为不同的人）的时间与过去了多久无关，和我们最开始是谁也没有关系了。

公式 5 给出了我在遥远的未来某天醒来成为某个人的可能性，现在剩下的事就是求解该方程。对于我当前居住的 5 人世界，我们可以得到：

$$\begin{pmatrix} 0 & 1/2 & 0 & 0 & 0 \\ 1/2 & 0 & 1/3 & 1/3 & 1/3 \\ 1/2 & 1/2 & 0 & 1/3 & 1/3 \\ 0 & 0 & 1/3 & 0 & 1/3 \\ 0 & 0 & 1/3 & 1/3 & 0 \end{pmatrix} \cdot \begin{pmatrix} 8/60 \\ 16/60 \\ 18/60 \\ 9/60 \\ 9/60 \end{pmatrix} = \begin{pmatrix} 8/60 \\ 16/60 \\ 18/60 \\ 9/60 \\ 9/60 \end{pmatrix} \begin{matrix} \text{戴维·森普特} \\ \text{巨石强森} \\ \text{赛琳娜·戈麦斯} \\ \text{王芳} \\ \text{李伟} \end{matrix}$$

请注意，等号左右的两个向量相同，并且它们的元素之和等于 1。这意味着无论我将这些向量乘以过渡矩阵 $A$ 多少次，我都会得到相同的结果。从长远来看，这些就是我成为每个人的可能性。

那么结论是什么呢？我醒来变成巨石强森的可能性是变成戴维·桑普特的两倍，而我更有可能醒来时变成赛琳娜·戈麦斯。我醒来时变成王芳或李伟的可能性和变成戴维·桑普特差不多，只高出一点点。我们可以将这些概率乘以最小公分母，看看我将花多少时间成为某个人，平稳分布告诉我们，在 60 天里，我将有 8 天成为戴维，16 天成为巨石强森，18 天成为赛琳娜，成为王芳和李伟的时间分别为 9 天。随着时间往无穷大推移，我将有一半以上的时间成为名人。

\*

显然，我们每天早上醒来时不会变成其他人，但照片墙确实使我们了解了彼此的生活。你所看的每一张照片都反映了你关注的人的生活，我们可以用几秒的时间体会成为其他人是什么感觉。

我们还可以在推特、脸书和照片墙上传播信息，并以此影响我们的关注者的感受和想法。平稳分布 $\rho_\infty$ 不仅可以根据谁关注谁来量化这种影响，还可以根据想法或模因在用户之间的传播速度来做出判断。在向量 $\rho_\infty$ 中具有较大值的人更有影响力，并且传播模因的速度更快，我们这些值较小的人影响则较小。

这就是公式 5（影响力公式）对互联网巨头如此有价值的原

因。它告诉我们谁是网络上最重要的人，而无须知道这些人到底是谁、在做什么。衡量人的影响力是一个矩阵代数问题，计算机可以毫不费力且不加批判地执行这一计算。

20 世纪末，谷歌在其页面排序算法中最早使用了影响力公式。他们假设用户随机点击所访问网站上的链接以选择他们要访问的下一个网站，从而计算出网站的平稳分布。$\rho_\infty$ 值较高的网站在搜索结果中的排名较高。大约在同一时间，亚马逊也开始为其业务建立连接矩阵 $A$。用户同时购买的书籍、玩具、电影、电子产品和其他产品都通过矩阵连接起来。通过确定矩阵中的强连接，亚马逊可以为其用户提供建议，即所谓的"猜你喜欢"选项。推特用网络的平稳分布来找到一些值得关注的人并推荐给你。脸书在分享新闻、优兔网在推荐视频时也使用了相同的想法。随着时间的流逝，这种方法不断发展，细节也不断丰富，但是寻找社交媒体上最具影响力的个人，仍然得用到连接矩阵及其平稳分布。

在过去的 20 年中，这个算法产生了意想不到的影响，最初用于衡量影响力的系统现如今已发展成为影响力的创造者。基于影响力公式的算法决定了哪些帖子会在社交媒体订阅源上突出显示，这个做法背后的基本想法是，如果某人受欢迎，那么会有更多的人希望听到这个人的声音。但这种做法带来的后果是永无止境的正反馈，一个人的影响力越强，算法给他们的权重就越大，他们的影响力就会进一步增强。

一位前照片墙员工告诉我，该公司的创始人最初非常不愿意在业务中使用算法和数学。他告诉我："他们认为照片墙追求的是小而美，算法并不可靠。"照片墙原本用于在密友之间共享照片，然而当这家公司被脸书收购后，一切都变了。据这位员工透露，"在过去的几年间，这个平台变化很大，现在 1% 的用户拥有超过 90% 的关注者。"

照片墙不再鼓励用户只关注他们的朋友，而是对他们的社交网络应用了影响力公式。它推广最受欢迎的账户，于是开启了正反馈，名人账户也越来越多。该公司的增长也变快了，很快用户数超过了 10 亿。就像之前所有其他社交媒体平台一样，一旦使用了影响力公式，其受欢迎程度就会呈爆炸式增长。

*

建立社交网络模型所需要的数学理论很早就已经出现了。影响力公式不是谷歌发明的，它的起源可以追溯到提出了一类对于状态链的假设的马尔可夫，其中每个新状态都仅依赖于上一个状态，就像我之前设想的在照片墙上的随机旅程一样。

当我为自己的 5 人线上世界求解公式 5 时，我偷了个懒。我是通过将向量 $\rho_t$ 乘以矩阵 $A$ 直到 $\rho_t$ 不再改变为止得到的答案，也就是从长远来看我会各花费多少时间成为每个人。这种方法虽然最终会得到正确的答案，但不是很优雅，谷歌使用的也不是这种方法。100 多年前，两位数学家奥斯卡·佩龙（Oskar Perron）和格奥尔格·弗罗贝尼乌斯（Georg Frobenius）证明，对于每个马尔可夫链 $A$，都存在唯一的平稳分布 $\rho_\infty$。因此，无论社交网络的结构如何，我们总是可以最终算出，如果我们在不同的人之间随机切换身份，平均而言我们将在每个人身上待多久。然后我们可以用高斯消去法来找到这种平稳分布，与正态曲线一样，这种方法也要归功于卡尔·弗里德里希·高斯，但它不是由高斯首先提出的，中国的数学家在 2 000 年前已经使用了高斯消去法。该方法通过旋转和重新排列矩阵 A 的行来找到 $\rho_\infty$ 的解，即使面对数百万人的网络，影响力公式的计算也可以快速而有效地运行。

20 世纪，拜十会在图论这个研究领域中收集了有关网络特性的各类结果。早在 1922 年，乌德尼·尤尔（Udny Yule）就用"偏好连接"描述了照片墙上人气上升背后的数学原理：一个人拥有的粉丝越多，他们吸引的人就越多，名气就越大。21 世纪初，在脸书创立前的几年时间里，学术界关于社交媒体的研究呈现爆炸式增长，这一领域被称为网络科学，它描述了模因、假新闻的传播以及两极化趋势，社交媒体将我们的世界变小了，每个人之间的联系可以用六度定理描述。[3]

拜十会已经准备好了，它的成员里包含未来社交媒体巨头的创始人和第一批员工。影响力公式是他们业务的核心，这类技术专家的薪水足以吸引那些最具有理想主义的成员。而且更重要的是，这类工作使他们能够自由地进行创造性思考，提出新模型，并将其付诸实践。

拜十会成员想去研究我们应该如何回应社交网络。他们追踪了脸书记录，了解用户对仅接收负面新闻的反应；他们发起了社交媒体运动，鼓励人们在选举中投票；他们构建了一个过滤器，方便用户看到更多他们感兴趣的新闻。他们控制着我们所看到的内容，并决定我们是否能看到朋友动态、真假新闻、名人消息或广告。拜十会成员成了真正有影响力的人，不是因为他们说了什么，而是因为他们决定了我们彼此之间是如何联系在一起的。他们甚至了解我们自己都不清楚的事……

*

你的朋友多半比你更受欢迎。我对你是个什么样的人一无所知，也不想对你进行不公正的评价，但是对于这件事我相当肯定。

友谊悖论指出，社交网络（包括脸书、推特和照片墙）上的大多数人都没有他们的朋友那么受欢迎。[4] 让我们举一个例子，我们把巨石强森从之前的社交网络例子中删除。现在，我们有 4 个人——我、赛琳娜·戈麦斯、王芳和李伟——分别有 0、3、2 和 2 个关注者。王芳和李伟跟戈麦斯互相关注，他们可能觉得自己很受欢迎，但我要告诉他们事实并非如此。下面我们来计算我们 4 人网络中每个人关注的人的平均粉丝数量。我只关注了赛琳娜·戈麦斯，她有 3 个关注者，所以我的朋友的平均关注人数是 3。戈麦斯关注 2 人，他们都有 2 个关注者，所以她的朋友的平均关注人数是 2。王芳和李伟都关注了彼此和戈麦斯，因此平均而言，他们的朋友有 2.5 个关注者。因此，这个网络中每个人的朋友的平均关注人数为（3 + 2 + 2.5 + 2.5）/ 4 = 2.5。只有赛琳娜·戈麦斯的关注者多于她的朋友的关注者。和我一样，王芳和李伟的粉丝数都低于朋友的平均水平。

友谊悖论产生的原因在于随机选择一个人和随机选择一对友谊关系是不一样的（参见图5-1）。让我们假设随机选择一个人，他们的期望（也即平均）粉丝数量是该网络中每个人的粉丝数量之和除以使用该平台的总人数，在脸书上这个值大约为200。对于戈麦斯的网络，大约为（0 + 3 + 2 + 2）/ 4 = 1.75。我们称这个数值为图（社交网络）中节点（在这里为个人）的平均入度。对于戈麦斯的网络而言，我们已经算出其朋友的平均粉丝数为2.5，大于我们只看平均粉丝数得到的1.75。

如果我们将巨石强森重新添加到网络中，也会得到相同的结果。如果赛琳娜·戈麦斯也关注了我，那么之前的推断依然适用。实际上，对于每个人的关注数量都相同的网络，友谊悖论依然成立。证明如下，首先，从网络中随机选择一个人，然后选择他们关注的一个人。从另一个角度考虑这一选择，选择两个相互关注的人，就是从网络的所有相互关注关系中随机选出一个。在图论中，这些连接被称为图的边。现在，由于受欢迎的人有更多边（根据定义得到），因此与简单地随机选择一个人相比，在任意给定边的两端找到受欢迎的人的概率更高。因此，随机选出的某个人的一位随机选出的朋友多半比随机选择的这个人更受欢迎，友谊悖论成立。[5]

这些都是数学理论，那么在实践中情况如何呢？南加州大学研究副教授克里斯蒂娜·莱尔曼（Kristina Lerman）决定找出答案。她和她的同事在2009年研究了推特的用户网络（当时推特还处于

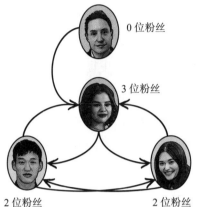

粉丝平均数为
$(0 + 3 + 2 + 2)/4 = 1.75$

关注的人的粉丝平均数为
$(3 + 2 + 2.5 + 2.5)/4 = 2.5$

戴维关注了赛琳娜,
赛琳娜有 3 位粉丝

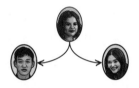

赛琳娜关注了王芳和李
伟,这两人各有 2 位粉丝

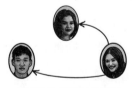

王芳关注了赛琳娜和李
伟,这两人平均各有
2.5 位粉丝

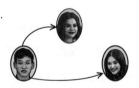

李伟关注了赛琳娜和王
芳,这两人平均各有
2.5 位粉丝

图 5-1　4 个人的友谊悖论

发展的早期，只有 580 万用户），重点研究了其关注关系。[6]他们发现，一个典型的推特用户所关注的人的粉丝数是其自己粉丝数的 10 倍左右。只有 2% 的用户比其粉丝更受欢迎。

莱尔曼和她的同事们又发现了一个完全违背我们直觉的结果。她发现，在推特上随机选择一位用户，其粉丝建立的连接数平均而言要比他们自己高 20 倍！我们关注的人很受欢迎，这似乎是合理的，毕竟其中很多是名人，但要搞清楚为什么关注我们的人比我们更受欢迎，要困难得多。如果他们关注你，他们怎么会更受欢迎呢？这似乎不公平。

答案在于我们倾向于建立相互关注的社交关系。当有人关注你时，你会受到回关的社会压力，不关注他们是不礼貌的。平均而言，在照片墙上关注你或在脸书上向你发送好友请求的人也可能向其他人发送了类似的请求，结果是这些人占了我们社交网络的很大一部分。更糟糕的是研究人员还发现，你的朋友不仅发布的内容更多，获得更多的喜欢、更多的分享，并且他们接触的人也比你要多。

一旦你接受了自己不受欢迎的必然性，你与社交媒体的关系就会开始改善，因为你并不是一个人。克里斯蒂娜·莱尔曼及其同事的研究表明，大约有 99% 的推特用户与你处于类似的情况。事实上，受欢迎的人的情况可能比你更糟。想想看，为了寻求更高的社会地位，"酷孩子"们一直在努力与比自己更成功的人互相关注。他们越是这样做，他们的身边就会出现越多更受欢迎的人。这可能只会给你带来小小的安慰，但想到那些成功人士也可能会有和你类似的感受，你大概也会宽慰很多。除了皮尔斯·摩根和J. K. 罗琳之外，其他1%的推特用户要么是公关公司管理的名人账户，要么很可能是努力在网络上刷存在感的人。

*

我不是建议你关闭社交媒体，毕竟数学家的口头禅是永不言弃。但我建议你将事物分解为三个部分：数据、模型和废话。

我建议你从今天就开始做这件事。首先是关注数据，查看自己的朋友在脸书或照片墙上有多少关注者或者互关好友。我在脸书上确认过，我的64%的朋友比我更受欢迎。然后记住模型。线上的受欢迎程度是通过反馈产生的。通过这些反馈，已经很受欢迎的人可以获得更多的关注者，这是由友谊悖论产生的统计错觉。最后，不要说废话，不要为自己感到遗憾，也不要嫉妒他人：要意识到我们都是网络的一部分，它以各种不同的方式扭曲了我们的自我价值。

心理学家在论文中会提到认知偏见，在这类偏见之下，个体或社会眼中的主观现实会与世界的实际情况有所偏离。这些偏见列表正在变得越来越长：热手谬论、从众效应、幸存者偏差、确认偏差、框架效应……拜十会的成员当然不否认存在这些偏见，但对他们而言，人类心理的局限性并不是最重要的。问题是如何消除这些限制，更清晰地看世界。为此，他们设想了一些"假想情况"。如果我每天醒来会随机变成另外一个人会怎么样？如果我像互联网表情包一样在快拍软件上传播会怎么样？如果我只阅读脸书提供的新闻或网飞推荐的电影会怎么样？这时候我眼中的世界会是什么样的？这个世界与我对所有可接触到的信息给予同样关注的"更加公平"的世界有何不同？

拜十会要求你去想象这些令人难以置信的假想场景，也就是数学模型，这样我们才能开启一个完整的循环。将模型与数据进行比较，并使用数据完善模型。可以确信的是，拜十会的成员能够消除这些偏见带来的限制并揭露社会现实。

*

莉娜和米凯拉打开了自己的照片墙账户，把手机展示给我看。"这张是广告还是自拍？"我问莉娜。

莉娜给我看的是一张当地面包师的照片，他举起一个装满心形蛋糕的托盘站在镜头前。照片感觉很棒，但无疑是在打广告。她回答说这是自拍，但是她已经把这个用户归为公司用户了。

莉娜和米凯拉正在做一项本科数学课题[7]，研究照片墙是如何向她们展示世界的。在她们的研究开始之前，照片墙刚刚使用了图片显示排序的新算法。公司声称，他们现在会优先显示来自朋友和家人的照片。

结果，许多头部账户感觉受到了威胁。瑞典照片墙用户、拥有 65 000 名粉丝的社交媒体专家安尼塔·克莱门斯（Anitha Clemence）说："看到我的粉丝在流失，我的心理压力很大。我快

40 岁了，对于更年轻的网红来说，情况会是怎样的呢？"[8]

克莱门斯觉得她为了自己的粉丝努力工作，而新算法并未将这些信息传达给他们。为了测试极端情况，她发布了一张与新伴侣一起拍的照片，这张照片容易被误解为她怀孕了。这张照片在照片墙上广泛传播，之后克莱门斯才透露，这张照片的主要目的是测试哪些照片能在照片墙上得到传播，哪些不能。如果你想获得更多关注，在照片墙上告诉其他人你怀孕了似乎行得通。

尽管网友对一张假怀孕照片的反应能告诉我们的信息很少，但克莱门斯可以说是在做某种实验。密歇根州立大学的凯利·科特（Kelly Cotter）发现，许多照片墙的头部用户都在试图理解并操纵该算法。[9] 他们公开讨论喜欢和评论尽可能多的帖子的成本和收益，或者讨论最佳的发布时间，进行不同策略的A/B测试（比如前文提到的投注公式）。这些网红希望确认照片墙是否把他们发布的内容放在粉丝首页信息流不显眼的位置，从而"减弱"了他们的影响。当照片墙宣布更改算法的时候，许多账户都发布了带有 #RIPInstagram（"安息吧照片墙"）标签的内容。

莉娜和米凯拉现在想以一个典型用户的角度更深入地研究照片墙的新算法。她们计划在接下来的一个月里于每天上午10点准时登录一次账号，记录首页显示的图片顺序，并记下每个帖子和发布者的类型。这样，她们就可以检验头部账号的假设，即这些头部账号已被算法降低了优先级。

米凯拉说："我认为减少登录社交网站的次数对我们有好处。"她们每天就只能收集一次数据（查看帖子）。像我们许多人一样，这两名年轻女性花在浏览社交媒体上的时间总比她们的需求更长。

目前的难题是对照片墙算法进行逆向工程：找出照片墙对他们隐藏的东西（如果有的话）。在数学中，这被称为逆问题，这类理论起源于对X射线的解释。在现代计算机断层扫描检查（简称CT）中，患者会躺在一根巨大的管子内，扫描仪同时从各个方向拍摄一系列X射线图像。X射线被致密物质吸收，从而可以获取骨骼、肺、大脑和体内其他结构的图像，X射线的逆问题是将所有图像放在一起从而给出身体内部器官的完整图像。此过程背后的数学方法叫作拉东变换，它提供了整合二维图像序列以构建准确的三维图像的正确方法。

社交媒体中没有拉东转换，但是我们根据公式5可以很好地了解社交媒体是如何吸收和更改社交信息的。为了对照片墙的数据处理过程进行逆向工程，莉娜和米凯拉使用了自助法。每天，她们会在自己的账号中获取前100条信息，并对其进行随机排序以创建新序列。她们会重复该过程10 000次，从而得出结论：照片墙只是随机展示用户每天的发布内容，而没有进行任何优先级的分配。通过比较头部账号在照片墙的真实排名中的位置和这些随机排名，她们可以确定这些人在信息流中的位置是上升还是下降了。

实际结果与带有挑衅意味的"安息吧照片墙"口号形成鲜明对比。没有证据表明这些头部账号被降级：他们在莉娜和米凯拉那里得到的展示机会与随机创建新序列没有什么不同。她们发现，照片墙对这些头部账号的态度本质上是中立的。但是，它确实在一定程度上展示了某些账号：朋友和家人被提升到用户订阅源的顶部。朋友重要性的提升是以牺牲新闻网站、政治人物、记者和组织账号为代价的。照片墙并没有减少头部账号的影响，而是增加了朋友和家人的影响力，并为那些没有付广告费的账户降低了曝光量。

"安息吧照片墙"口号活动主要揭示的是头部账号的不安全感。他们突然意识到，自己对社交地位的控制力没有自己所想象的那么强。他们的地位取决于一种可提高人气的算法，现在，他们担心自己的人气受到一种专注于朋友的新算法的影响。

这项研究表明，社交网络上真正最有影响力的人并不是那些拍照记录他们的生活方式和吃了什么的人。相反，最有影响力的人其实是谷歌、脸书和照片墙的程序员，他们塑造了我们了解世界的过滤器，他们决定了哪些事和哪些人受欢迎。

对于莉娜和米凯拉而言，这个实验改变了他们不停刷新照片墙首页的习惯。莉娜告诉我这项实验改变了她对照片墙的看法，她觉得自己现在能更好地管理花在照片墙上的时间。"在刷完了朋友的新动态后，我会停下来，而不是再往下翻，试图寻找一些有趣的东西。我知道后面多是些无聊的东西。"她告诉我。

影响力公式不只适用于某一个社交网站，它适用于所有这类情形。这一公式揭示了网络的结构如何塑造你看待世界的方式。当你在亚马逊网站上搜索产品时，你会被"猜你喜欢"的流行趋势所吸引，因为最先显示的总是最流行的产品。当你使用推特时，两极分化的观点将一起呈现在你眼前，让你有机会感受到来自世界各地不同人的不同观点的冲击。在照片墙上，你被朋友和家人包围着，可以不受新闻和观点的影响。从公式5可以看到是谁和什么因素在影响着你。写下你的社交网络的连接矩阵，并查看谁在你的网络世界中，谁不在。考虑一下该网络如何影响你的自我形象，以及它如何控制你看到的信息。在网络中四处浏览，可以了解到它是如何影响与你有联系的其他人的。

*

莉娜和米凯拉想成为数学老师，她们可能在几年后就会向年轻人解释手机中的算法如何影响他们对世界的看法。对于大多数孩子来说，这门课程能帮助他们应对自己将要面对的复杂的社交网络。但是，一小部分学生会发现另一种可能性——一个潜在的职业。他们将努力学习，更深入地了解数学，并学习如何应用谷歌、照片墙和其他公司使用的算法。这些孩子中的一部分可能会走得更远，成为决定给我们展示哪些信息的精英。

2001年，谷歌的联合创始人拉里·佩奇因为发现可以在网络搜索中使用公式5获得了一项专利。[10]该专利最初由斯坦福大学持有，当时佩奇在那儿工作，后来被谷歌收购，代价是谷歌的180万股股票。斯坦福大学在2005年以3.36亿美元的价格出售了这些股票。这些股票如今的价值已经是当初的10倍。公式5的应用只是谷歌、脸书和雅虎拥有的将20世纪的数学应用到互联网中的众多专利之一，图论对利用它的技术巨头来说价值数十亿美元。

一所大学或一家公司为 100 年前的数学公式的应用申请专利，这似乎与拜十会的精神背道而驰。拜十会的成员们总是会掌握一些秘密，但是那些秘密可以被任何想要了解它们的人获得和使用。拜十会应该设立一些原则来防止它的成员把他们的发现据为己有，或者从他们归纳的知识中获取暴利吗？

　　事实证明，这个问题不太好回答……

# 第 6 章

# 市场公式

$$\mathrm{d}X = h\mathrm{d}t + f(X)\mathrm{d}t + \sigma \cdot \epsilon_t$$

将世界划分为模型、数据和废话，这一做法给拜十会的成员带来了某种意义上的确定性。他们不再需要担心结果了，只需要将他们的技能付诸实践，将每个问题都转化为数据，然后阐明自己的假设，就可以根据推理解决摆在他们面前的问题。

最初，拜十会的成员在行政部门和政府研究机构工作。20 世纪四五十年代，他们延续着理查德·普莱斯的工作，为国家制订保险计划，并保障所有人的医疗服务。差不多同一时期，戴维·考克斯也在纺织行业中使用数学来促进工业增长。到了 20 世纪六七十年代，拜十会的成员开始在研究机构任职，这些研究机构包括美国新泽西州的贝尔实验室、美国航空航天局、冷战双方的国防机构，以及精英大学和像兰德公司这样的国家智库，他们在这些高级团体中进行了大量的知识整合。到了 20 世纪八九十年代，金融业兴起，开始大量招募拜十会成员来管理其资金。

在摆脱了废话之后，拜十会相信他们足以解决世界上的所有难题。富豪政要们向拜十会成员支付高额薪水来管理他们的投资基金；各国政府依靠他们来制订本国的经济计划、规划社会的未来；政府间机构让拜十会成为预测气候变化和制定发展目标的中心。

但是，拜十会的数学家忘记了一些东西。A. J. 艾耶尔在《语言、真理与逻辑》中已经阐明，但是当时的社会对这些观点的理解程度比不上推动社会前进的逻辑实证主义的其他观点。当艾耶尔使用实证原则将数学和科学与废话区分开时，他发现废话的范围比大多数科学家所认为的要大得多，在他的观点里，道德和伦理也属于废话。

艾耶尔分步证明了这一点。他首先对宗教真理进行分类，证明了对上帝的信仰是无法证实的：没有实验可以检验全知全能的上帝的存在。他写道，信徒可能认为上帝是人类无法理解的，或者信仰是一种信念，或者上帝是神秘直觉的产物。对于艾耶尔来说，承认这些陈述是正确的也可以，但是信徒必须明白它们属于无法用感官验证的陈述。信徒不应也不能认为上帝或任何其他超自然的存在对可观测世界起到了影响，任何个人的宗教信仰或先知的教义都无法通过数据得到检验。如果一个宗教信仰者声称自己的信仰是可以验证的，我们就可以针对他们的数据进行测试，并且（很有可能）证明他们是错误的。宗教信仰就属于废话。

到目前为止，拜十会的大多数成员都接受并理解了艾耶尔的论证，这完全符合他们的信念。他们拒绝了奇迹，并且不再需要上帝。但是艾耶尔走得更远，他对待反对宗教信仰的无神论者的态度与对待信徒一样轻蔑。无神论者在反驳一些废话的同时，自己也参与了废话的创造。关于宗教唯一有效的论证只包括对信徒个人心理层面的分析，或者宗教在社会中所扮演角色的分析。反对宗教信仰与支持宗教信仰的言论一样没有意义。

艾耶尔的观点并没有止步于此，他进一步拒绝了维也纳圈子中其他成员提出的功利主义观点，即我们应该为实现所有人的最大幸福而努力。他坚持认为，不可能仅凭科学来决定什么是好的，什么是道德的，也不可能仅凭一个公式就能平衡现在的幸福和将来的成就。我们可以模拟线上赌场从入不敷出的顾客那里收取提成的比例，但我们不能用这些模型来评价赌徒以这样的方式花钱是否错误。一个气候建模者可以说："如果我们不减少二氧化碳的排放，那么子孙后代将面临不稳定的气候和粮食短缺。"但这并不能告诉我们到底应该享受现在的生活还是要替子孙后代的幸福考虑。对于艾耶尔来说，一切对道德行为的鼓励——例如"我们应该帮助他人"，"我们应该为更大的利益而行动"，"我们在道德上有责任为后代保护世界"和"你不应该为数学结果申请专利"——都是出于感情的陈述，这是心理学家的研究领域，不包含可以感知的意义。

在艾耶尔的论点里，个人主义的情绪是不能用经验证实的，这些个人主义情绪包括"贪婪是件好事"或者"照顾好自己是第一位的"。这些都属于废话，尽管它们根植于我们内心深处。我们无法根据我们的经验验证这些陈述，但遵循这些准则的人在经济和社会方面会较为成功。我们可以对让一个人致富或成名的因素进行建模，可以衡量成功人士具有的性格，也可以讨论这些特征如何通过自然选择而演变。但是我们不能用数学来证明某些价值观本质上是好的或有益的。实证主义原则在帮助拜十会的成员对世界进行建模时非常有用，但在道德层面是无用的。

如果拜十会缺乏道德支撑，那么它的确定性从何而来？而且，如果没有道德的指引，它究竟为谁的利益服务呢？也许拜十会并不像理查德·普莱斯所设想的那么正义？

\*

世界最大的投资银行之一邀请我与他们的市场分析师共进晚餐，我们坐在香港最好的餐厅里，窗外就是海港。所有一切都是最好的，包括我与妻子乘坐的航班、五星级酒店，以及我们现在所吃的食物。

我们讨论了他们那个圈子里最紧张的关系之一：长期和短期投资战略之间的差异。这些男性（还有一位女性）主要从事长期投资、养老金管理。他们会根据一家公司的基本面、管理架构、未来计划以及市场地位做出投资的决定。他们认为这是他们可以掌握的世界，如果他们不清楚自己到底在做什么，那么我们就没有机会坐在一个环境如此优雅的餐厅里。

但是他们对短期投资则没那么有信心。这些交易已交由算法接管，他们不了解这些算法具体在做什么。客人问我应该让新员工学习哪种编程语言、他们需要具备哪些数学技能，以及哪些大学的数据科学硕士学位是最好的。

我尽我所能回答他们的问题，但是与此同时，我开始意识到我忽略了一些显而易见的事情。我原本认为这些人理当知道很多东西，但事实并非如此。考虑到这优美的景色和我吃到的米其林星级的食物，我以为这些投资经理像我一样通过数学的棱镜看世界，这也是他们获得财富的原因。傍晚的时候，我告诉他们我如何使用马尔可夫假设分析足球比赛中的控球顺序，他们不停地点头表示同意，一副了然于胸的样子。他们抛出了一些时髦的词：机器学习和大数据。我当然知道他们不可能了解我所从事研究的所有细节，但我相信他们已经掌握了关键思想。

他们不想揭开那层遮羞布。而现在，当他们询问新招募的员工应具备哪些技能时，我突然看穿了他们，他们并不知道我在说什么。他们对方程知之甚少，他们无法自己完成一个计算机程序，他们认为统计学不是科学，只是一串数字，可以在年度报告的附录中找到。其中一个人还问我微积分对数学专业的毕业生而言是否重要。

我怎么会如此天真？为什么我以前没有注意到？当天下午，我们听了一场报告，报告人出版了一本书，讲述了为什么你应该"慢思考"。一切都非常"鼓舞人心"。他非常缓慢地重复了"慢"这个字，意思是我们在做出决定之前应该等待一段时间。他讲了一些故事，一个是他手上长期持有一些股票，最后股票升值了的故事，另一个是他为自己的资产设定了一个很长的评估间隔的故事。他又讲述了他和那些"快思考"的人之间的一些矛盾。他举了一个加利福尼亚州的自动交易公司的例子来支撑自己的观点，在高频交易中，价格信息从西海岸发送到芝加哥的交易大厅的这段时间太漫长了，因此，这家公司搬到了更靠近证券交易所的地方。然而，在搬家之后，他们的算法的性能却下降了，反而是之前距离交易所更远的时候效果更好。

报告人得出的结论是，这一案例研究证明了他的论断，即越慢越好。这显然是不正确的。实际上，这仅仅是因为适应了一个时间尺度的算法在另一个时间尺度下会失效，仅此而已。这充其量可以证明，当将你的算法改为与其他算法不同的时间尺度后，你是可以获得优势的。围绕证券交易所的所有交易算法都进行了调整，充分利用短时间尺度上的低效率，而西海岸的交易员可以利用稍长时间尺度的低效率。这一改变在他们移动了服务器之后失效了。但是，这并不能说明较慢的时间尺度本身有什么特别之处。

当然，在经济学和心理学领域都存在关于人类决策的高质量研究，但这位报告人并没有遵守基本的科学准则。他错误地使用二分法提出了关于投资的不成熟建议，形成了自己的一套似是而非的理论。但是我提到这个人并不是为了反驳他的想法，令我困扰的是他在这次会议中所讲述的奇闻逸事和其他报告人的故事被与会者欣然接受：市场分析师对支撑他们整个业务的算法几乎一无所知，只是互相讲述奇闻逸事来让自己看起来很聪明罢了。

我试图让自己融入其中。我的作用是提供更多相同类型的故事——英超联赛投注、足球俱乐部的球探和谷歌的算法——以此坚定他们的信念，让他们以为自己明白了高频交易和体育分析是如何运作的。我除了对他们缺乏对高频交易技术细节的了解感到困扰之外，更惊讶于从他们使用的算法中我居然可以学到有用的经验。这些重要的实用经验可以让他们在自己的工作中采取更加平衡的方法。但是，因为他们将算法视为黑匣子，视为他们雇用的一小部分量化交易员的工作方式，他们对理解量化交易员的技能并不感兴趣，也没搞清楚自己目前缺失的知识。

不仅如此，他们害怕提出问题，因为他们可能会无法理解问题的答案。我能感觉到饭桌上的恐惧，令我羞愧的是，我利用了这种恐惧。我没有告诉他们需要学习什么，而是继续讲述他们想听的故事：我向他们介绍了我在巴萨的访问之旅，向他们讲述了扬和马里乌斯的故事，以及球探是如何发现新球员的。他们对此似乎很感兴趣，我们度过了一个愉快的夜晚。他们也讲了很多有趣的故事，一位交易员最近遇到了我的偶像纳西姆·塔勒布，另外一位交易员有一个女儿在哈佛大学学习数学。我喝了点儿酒，收起了不愉快的心情。我很高兴现在轮到我来讲故事了，我会尽己所能讲好。

不要借此评判我，我凭什么不能享受与不了解量化交易背后技术细节的人共处呢？有时他们比了解细节的人更有趣。

\*

如果我不是一个伪君子，我早就公布下面的公式了。从这个基本方程出发，我们将揭开金融市场的秘密。

$$dX = hdt + f(X)dt + \sigma \cdot \epsilon_t \qquad （公式6）$$

方程通过将大量知识浓缩为几个符号来简化我们对世界的描述，市场方程就是一个很好的例子。如果我们想拆解方程中包含的知识，就需要非常细致地逐步深入。

市场方程描述了 $X$（代表投资者对股票当前价值的"自我感觉"）是如何变化的。这种感觉可以是正的也可以是负的，如果 $X = -100$，就表明投资者对未来很不看好，$X = 25$ 表明投资者对未来的感觉还可以，在经济学家的术语里就是看跌市场或看涨市场。在我们的模型中，牛市代表对未来的预测是正的（$X > 0$），而熊市代表对未来的预测是负的（$X < 0$）。如果我们想更具体一些，我们可以将 $X$ 视为对市场看涨的人数减去对市场看跌的人数。但是，在当前阶段，我们不想把 $X$ 局限于特定的含义。我们可以大致把 $X$ 看作对情绪的捕捉，未必是投资者的情绪，也可以是公司宣布裁员或接到大订单后开会的氛围。

我们通常会将待解释的内容放在左边，将解释的内容放在右边，我们在这个公式里正是这么做的。在这个例子里方程左侧为 $dX$，字母 d 表示改变，因此 $dX$ 意味着"情绪上的改变"。如果你发现你的工作可能保不住了，那么此时办公室的氛围可能会非常低迷，这种氛围可以表达为 $dX = -12$。如果你的公司接到了能支撑未来几年发展的大订单，那么此时可能 $dX = 6$，一个更大的订单可能会使 $dX = 15$。

我所使用的单位不是重点。我们在学校学习数学的时候，通常都会计算一些关于实际事物的加减法，比如苹果、橘子或者钱，但在这里我们的自由度要更大。在实际生活中，说同事的情绪改变 $dX = -12$ 是不可能的，但这并不意味着我们无法通过方程来捕捉某个群体的感受变化。实际上，这正是股价的本质——投资者对公司未来价值的预估。我们想要解释人们对特定股票投资的总体感觉，或者是待在办公室中的感受、对政治候选人的感觉或对消费品牌感觉的变化。

等式的右侧由 $hdt$、$f(X)dt$ 和 $\sigma \cdot \epsilon_t$ 这三项组成，我们将这三者加在一起。这三项中最重要的部分是信号 $h$、反馈 $f(X)$ 和标准差（也就是噪声）$\sigma$。其他项表示我们对这些量相对于时间的变化感兴趣，噪声乘以 $\epsilon_t$ 代表时间上的小随机波动，这些项表明我们的感受受到信号、社会反馈和噪声的驱动。现在我们来学习一些基本知识，首先通过一个例子来具体地理解这个等式。

*

你可能想了解是否可以使用市场方程来安排自己的退休金，但你可能还得等很久才能知道这个问题的答案。还有更多近在眼前的问题，例如你是否应该去看漫威的最新电影，应该购买哪种类型的耳机，明年要去哪里度假，等等。

我们以买耳机为例。你存了 200 美元想买一对好耳机，现在正在网上寻找最具性价比的款式。你访问了索尼的官网并查看了技术参数；你看到了网友对日本铁三角耳机的测评；你还看到所有名人和体育明星都戴着魔声（Beats）的产品。你应该如何选择？

我没法告诉你应该买哪款耳机，但是我可以告诉你如何思考这个问题。这些问题的本质都与分离信号 $h$、反馈 $f(X)$ 和噪声 $\sigma$ 有关。让我们以索尼为例，使用变量 $X_{sony}$ 来衡量有多少消费者喜欢索尼这一品牌。我在 1989 年从理查德·布莱克手中购买的第一台高质量的随身听和耳机就是索尼的，它们经典且可靠。在公式 6 中，索尼有一个固定值 $h = 2$，时间单位为 $dt = 1$ 年。由于"感觉"的单位是任意的，因此 2 这个数值本身并不重要，重要的是信号、社会反馈和噪声的相对大小。对于索尼，我们选择 $f(X) = 0$ 以及 $\sigma = 0$，也就是说暂时不考虑噪声和社会反馈。

如果我们假定 2015 年的时候 $X_{sony} = 0$，那么因为 $dX_{sony} = hdt = 2$，那么在 2016 年，我们就有 $X_{sony} = 2$。2017 年时 $X_{sony} = 4$，以此类推，2020 年时 $X_{sony} = 10$。因为信号是正的，对索尼的正面评价会随着时间增长。

你对另一个品牌铁三角知之甚少，但它们在优兔网站的几个频道上的评价都不错。光顾本地音响商店的音响发烧友告诉你，铁三角的耳机是最受日本 DJ（调音师）欢迎的产品，但是你没有太多的额外信息。仅从一两个信源获取建议是存在风险的，而正是这种风险产生了噪声。由于仅有少数几个地方的 DJ 对耳机做了推荐，因此我们认为铁三角的 $\sigma = 4$，即噪声大小是信号的两倍。

铁三角的市场方程为 $dX_{AT} = 2dt + 4\epsilon_t$。我们可以认为最后一项 $\epsilon_t$ 在每年产生一个随机数，它可能为正，也可能为负，但均值为 0

且方差为 1。通过随机选择的值，我们可以模拟关于铁三角信息的随机性，这是金融分析师模拟股票价格变化的常用技巧。对于任何问题，他们都会进行数百万次的模拟，再查看结果的分布。

为了说明这些模拟是如何运作的，我将"运行"一次模拟，并在此过程中生成随机值。假设 2015 年的随机值为 $\epsilon_t = -0.25$，则 $dX_{AT} = 2 - 4 \cdot 0.25 = 1$。如果下一年 $\epsilon_t = 0.75$，则 $dX_{AT} = 2 + 4 \cdot 0.75 = 5$，如果 2017 年的 $\epsilon_t = -1.25$，则 $dX_{AT} = 2 - 4 \cdot 1.25 = -3$。你对铁三角的信心会随着时间的增长而增长（$X_{AT}$ 在 2016 年、2017 年和 2018 年分别为 1、6 和 3），但相比索尼而言稳定性差一些。

最后，我们来看网红耳机：由说唱歌手安德烈·罗梅勒·杨创立的魔声耳机。魔声耳机能让你在社交媒体上瞬间变身潮人，也能让你开始相信宣传的强大力量。随着名人和网络上有影响力的人发挥宣传的作用，越来越多的人入手了这款耳机，潮流势不可当。在模型方面，我们可以假设 $f(X) = X$，这个假设告诉我们对魔声的期待与当前期待值是成比例增长的。对魔声的喜爱越多，产生的喜爱也就越多。因此其市场公式如下：$dX_{BEATS} = 2dt + X_{BEATS}\,dt + 4\epsilon_t$。对魔声感觉的增长由 2 个单位的增长、$X_{BEATS}$ 个单位的社会反馈和 4 个单位的噪声组成。

假设魔声在 2015 年陷入低谷，随机波动为 $\epsilon_t = -1$。我们的初始设定 $X_{BEATS} = 0$，根据市场公式，我们得到 $dX_{BEATS} = 2 + 0 - 4 \cdot 1 = -2$。到 2016 年年初，我们对魔声的信心为负，$X_{BEATS} = -2$。接下来的一年，噪声得到改善，$\epsilon_t = 0.25$，但是社会反馈限制了提升，$dX_{BEATS} = 2 - 2 + 4 \cdot 0.25 = 1$。所以在 2017 年，$X_{BEATS} = -1$。在 2018 年，

$\epsilon_t = 1$，市场对魔声的期待开始增长，$dX_{BEATS} = 2 - 1 + 4 = 5$。现在 $X_{BEATS} = 4$，社会反馈开始上升。尽管它在 2019 年表现不佳，$\epsilon_t = 0.0$，$dX_{BEATS} = 2 + 4 + 0 = 6$，但我们对魔声仍然充满信心，$X_{BEATS} = 10$。社会反馈这一项既会放大坏的一面，也会放大好的一面：它一开始会使产品难以脱颖而出，但是一旦积累起了正面印象，公众对它的喜爱就会变得越来越强烈。

这些当然都是关于索尼、魔声和铁三角品牌的假设。因此，在这些公司起诉我之前，我想指出作为消费者的真正困难。通过在线搜索评价或者询问朋友，你权衡了人们对不同耳机所表达出的不同感受。我们的数值模拟结果见图 6–1。

年度最佳耳机名单会根据消费者的感受而变化。在 2016 年和 2018 年，索尼被认为是最好的耳机；2017 年是铁三角年；到了 2019 年和 2020 年，魔声的评价是最棒的。

你可能会从上面的描述中得出结论：你应该选择信号最可靠的索尼。但想一想，其他两款产品的信号也是 $h = 2$。市场公式的右边告诉你要深入挖掘。对于任何品牌，市场公式都由三个因素共同驱动。作为消费者，你面临的挑战是在反馈和噪声中找到信号。无论是最新的大片或网络游戏，还是运动鞋和手袋，以上推理均适用。你最常听到的是对产品感觉的描述，但你真正想知道的是产品的品质。

股票市场面临的问题是相同的。我们通常只知道股价的增长 $dX$，但是我们真正想知道的是信号的强度。大量的社会反馈是产品的炒作吗？引起噪声的真正来源是什么？

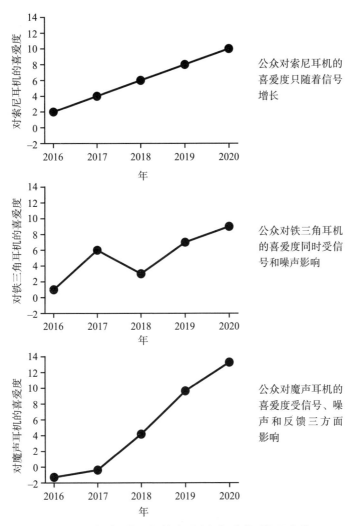

公众对索尼耳机的
喜爱度只随着信号
增长

公众对铁三角耳机
的喜爱度同时受信
号和噪声影响

公众对魔声耳机的
喜爱度受信号、噪
声和反馈三方面
影响

图 6-1　公众对三款耳机的喜爱度如何随着时间而变化

*

几个世纪以来，拜十会的成员只看到了信号。受牛顿万有引力的启发，18世纪的苏格兰经济学家亚当·斯密描述了看不见的手，这只手推动市场走向均衡。以物易物和商品交换使供需达到平衡。意大利工程师维尔弗雷多·帕累托用微积分公式表达了亚当·斯密的观点，描述了朝着最优解不断发展的经济。获利的信号一定会使我们走向稳定的繁荣，至少他们是如此认为的。

市场的不稳定性（例如荷兰的郁金香狂热和英国的南海泡沫）在初期所表现出来的特征并不多见，几乎无法引起真正的关注。直到资本主义遍及全球，才需要从理论上解释繁荣与萧条。从1929年的大萧条到1987年的股市崩盘，反复出现的危机向社会表明自由市场不是完美的，它们可能带来混乱，而且剧烈振荡，噪声会变得和信号一样强。

物理学在20世纪初经历了从牛顿到爱因斯坦的发展，关于市场的数学理论也是如此。爱因斯坦在发表相对论之前，就已经解释了花粉在水中是如何受水分子的随机冲击而运动的。这个关于随机性的新的数学方法似乎完美地模拟了外部事件对我们的经济繁荣造成的冲击，于是拜十会的成员开始发展新的理论。1900年，法国数学家路易·巴舍利耶（Louis Bachelier）发表了论文《投机理论》，阐明了公式6的两个组成部分。在整个20世纪的大部分时间里，噪声成了一种新的利润来源。对基本理论的延伸，例如布莱克–斯科尔斯方程的提出，被用于设计金融衍生品、期货、看跌期权和看涨期权等，并为其定价。拜十会的成员创建并控制了这些新的金融模型。可以说，他们决定了整个世界的货币供应。

正如牛顿决定论的微积分理论无法解释市场一样，遭受噪声冲击的市场模型也缺失了一个至关重要的因素：我们自身，即市场的参与者。我们不只是受各类事件影响而移动的粒子，我们也是具有理性和情感的积极的主体。我们在噪声中搜索信号，并且在此过程中相互影响、相互学习、相互操纵。数学理论不能忽略人的复杂性。

受到这一启示的鼓舞，拜十会的一些成员开始寻找新的方向。美国新墨西哥州的圣塔菲研究所汇集了来自世界各地的数学家、物理学家和科学家。在那里，他们开始构建一种新的复杂性理论，该理论试图解释人与人之间的互动。该理论预测，交易员的羊群效应会导致股价发生巨大而不可预测的波动。这些模型表明，随着波动性的增加，我们会看到比过去更为频发的繁荣和萧条。研究人员在备受瞩目的科学期刊上发表了一系列警告。[1]拜十会一如既往地选择公开他们的秘密，所有人都可以阅读。不幸的是，很少有人愿意去看一眼。

圣塔菲研究所的研究人员之一J. 多因·法默（J. Doyne Farmer）离开研究所后，将这些理论付诸实践。他后来告诉我，这是一项艰苦的工作，比他想象中的要困难得多，但确实有所回报。经历了1998年的亚洲金融危机、2000年的互联网泡沫以及2007年的金融危机，法默的投资依然是安全的，挺过了引发政府和金融机构垮台的动乱，这种动乱在欧洲和美国播下了对于政治不满的种子。

数学家告诉我们，他们一开始就知道危机即将来临。他们在其他人没有准备的时候做好了准备。尽管许多人输得倾家荡产，但拜十会的成员仍在获利。

*

我说得有点儿多了。数学一开始仅通过简单的信号理解市场，后来它了解了噪声并最终接受了社会的反馈，这段历史很美妙，但它遗漏了最重要的一点，导致这个故事听起来像是某人曾经犯错，后来通过新的思考模式来纠正了自己的错误。

数学家的确从 20 世纪的错误中吸取了教训，并始终走在了其他人前面，但我们需要搞清楚一个重点：数学家其实并不清楚如何从金融市场的噪声中找到真正的信号。

对我来说这是一个很大胆的表述，因此我需要分几步解释。市场方程成功的秘诀可以在第 3 章中找到。20 世纪 80 年代从事金融工作的数学家通过收集足够多的观测值将信号与噪声分离。路易·巴舍利耶的第一个市场方程不包含 $f(X)$：它只是将对公司及其股价增长的信心用信号和噪声表示出来。交易员仅凭这些数学知识就减少了其客户所面临的随机性，这一点使他们比那些不了解随机性、分不清信号和噪声的人更具优势。

在 2007 年金融危机爆发的 10 多年前，一群理论物理学家就认为，仅基于信号和噪声的市场方程是靠不住的。他们证明该模型无法产生足以解释 20 世纪的证券交易所里发生的繁荣和萧条的股价变化。科技泡沫和 1999 年的亚洲金融危机都与股价暴跌有关，简单的信号和噪声模型完全没有预见到这样的情况。

想要直观理解这些大偏差的规模，你可以回忆一下棣莫弗及其投币实验。他发现投掷 $n$ 次硬币后正面向上的次数通常落在长度正比于 $\sqrt{n}$ 的区间内。中心极限定理（CLT）扩展了棣莫弗的结论，即相同的 $\sqrt{n}$ 规则适用于所有游戏，甚至适用于许多现实生活中的情形，例如民意调查。中心极限定理的关键假设是事件都是独立的，我们认为轮盘每次旋转和不同人士的意见都是相互独立的事件。

简单的信号和噪声市场模型还假设价格变化是独立的。因此，在该模型中，股票的未来价值应遵从 $\sigma\sqrt{n}$ 规则和正态曲线，然而实际上它们并不满足这些条件。正如圣塔菲和其他理论物理学家所表明的那样，未来股价的变化可能与 $n$ 的更高次幂，如 $n^{2/3}$ 成正比，甚至与 $n$ 成正比，[2] 这使得市场呈现剧烈波动的情况。而且，这使人们几乎无法做出预测：市值可能一天之内就全部蒸发，好比棣莫弗连续抛出了 1 800 次背面向上的硬币。

出现如此之大波动的原因是，交易者彼此之间的行为并不独立。在轮盘赌中，轮盘的这次旋转与上一次旋转无关，因此适用中心极限定理。但是在股票市场上，一位交易者的卖出会导致另一位交易者失去信心并卖出。这使棣莫弗的中心极限定理的假设不再成立，股价波动也不再是小而可预测的。股市交易者相当于成群的动物，彼此追逐，一波又一波。

并非所有的金融数学家都了解中心极限定理不适用于市场。当我在 2009 年见到多因·法默时，他告诉我一个交易公司的同事称雷曼兄弟投资银行倒闭是"$12\sigma$ 事件"，他所在的公司在 2007—2008 年金融危机期间损失颇多。我们在第 3 章中看到，$1\sigma$ 事件发生的概率为 1/3，$2\sigma$ 事件大约为 1/20，而 $5\sigma$ 事件的发生概率大约为三百五十万分之一。我不确定 $12\sigma$ 事件的发生概率是多少，因为当我尝试计算大于 $9\sigma$ 的事件发生的概率时计算器出现了故障。在任何情况下，这都是极不可能的，除非模型错得非常离谱，否则绝不会发生这样的事情。

理论物理学家可能已经发现了大偏差背后的数学原理，但他们并不是唯一描述交易者从众心理的人。纳西姆·尼古拉斯·塔勒布的两本书《随机致富的傻瓜》和《黑天鹅》，对 2007 年之前的金融世界进行了虽傲慢但非常有先见之明的有趣分析。同一时期，罗伯特·J. 希勒（Robert J. Shiller）的著作《非理性繁荣》对类似想法进行了更具有学术性的审视。[3] 当理论物理学家、精明的量化投资者和耶鲁大学的经济学教授都对一个模型提出了相同的警告时，我们可能确实需要重视一下这个警告了。

21 世纪初，许多进入金融行业工作的理论物理学家在市场里发现了优势。他们在金融危机中保持了优势，并在市场回落时赢得了丰厚的回报。通过在市场方程中添加 $f(X)$ 项，他们已经准备好应对类似雷曼兄弟破产的事件，在那次事件中交易员们疯狂跟风，使他们陷入了极端危险的处境。

现在，所有金融数学家都知道市场是信号、噪声和羊群效应的综合体：他们的模型表明市场会崩溃，而且他们也能清晰地预见崩溃的规模会有多大。但是金融数学家不知道这些崩溃发生的确切时间或起因，只知道它们与羊群效应有关。他们不了解市场动荡的根本原因。在第 3 章中的线上赌场中，我知道赌场总是偏向庄家的，信号是玩家每转一次轮盘平均会损失 1/37，我可以通过看轮盘的结构来找到原因所在。在第 4 章中，卢克·博恩着眼于每个篮球运动员对球队整体表现的贡献，并以此来衡量球员的技能。他们通过将自己对比赛的了解与精心选择的假设相结合找到了技能信号。在第 5 章中，当莉娜和米凯拉逆向分析照片墙算法时，她们逐渐了解到社交媒体是如何扭曲我们的世界观的。这些例子中的模型可以帮我们了解轮盘赌、篮球和社交媒体的运作方式，但市场方程本身并不提供理解。

不同时期的研究者都在努力尝试更进一步，从市场中找到真正的信号。1988 年，在经历了 1987 年黑色星期三大崩盘之后，美国国家经济研究局的戴维·卡特勒（David Cutler）、詹姆斯·波特巴（James Poterba）和拉里·萨默斯（Larry Summers）写了一篇题为"是什么改变了股价？"的论文[4]，他们发现受工业生产、利率和股息等因素影响的股市收益仅能解释股市价值变化的 1/3。然后，他们确认了是否发生了重大新闻事件，例如战争或总统选举。重大新闻发生当天的股价确实发生了剧烈变化，但是在没有大新闻的情况下，也有相当多的时间里市场波动很大。绝大多数股票交易的波动无法用外部因素来解释。

2007 年，哥伦比亚大学经济学教授保罗·泰特洛克（Paul

Tetlock）为《华尔街日报》的"与市场同步"专栏（该专栏在每天交易结束后撰写）提出了一个变量"媒体的悲观因素"。[5]这个因素记录了专栏中代表不同情绪单词的使用次数，衡量了作者对当天交易的整体看法。泰特洛克发现，带有悲观情绪的单词与第二天的股价下跌产生了关联性，但这些下跌会在本周晚些时候得到反转。于是他得出结论，"与市场同步"专栏不能提供任何有关长期趋势的有用信息。其他研究表明，互联网聊天室中的闲谈，甚至聚集在交易大厅的人们之间的交流，都可以用来预测交易量，但不能预测市场走势。[6]也许根本就没有简单可靠的规则可以用来预测股票的未来价值。

我想在这里澄清两件事。首先，这些结果并不意味着和公司相关的新闻不会影响其股票价值。在剑桥分析公司丑闻事件之后，脸书的股价暴跌；深水地平线漏油事故发生后，英国石油公司股价也大幅下跌。但是，在这些情形中，导致股价变化的事件甚至比股票价值本身更难以预测，从而使这些事件对于寻求利润的投资者而言几乎没有价值。你能看到新闻，其他人也能看到。优势转瞬即逝。

其次，我想再次强调，基于市场方程的模型确实能提供有用的长期风险规划。我的一位数学家朋友玛娅在一家大众银行工作。她使用公式6评估了该银行面临的各种风险，然后购买了保险以防银行遭受不可避免的震荡。玛娅发现非数学从业者对她所使用模型的局限性知之甚少。上次我们和她的同事佩曼一起吃午饭时，她告诉我："我在非数学从业者身上看到的最大问题是，他们对模型的结果会不加分辨地采纳。"

佩曼表示同意："你只是向他们展示了未来一段时间的置信区间，他们却把它当作实际会发生的事。很少有人理解，我们的模型背后的假设其实非常弱。"

玛娅和佩曼极力反对这样的情绪：人们认为，因为这是数学，所以它一定是正确的。但市场方程并非如此，它传达的核心思想就是我们必须小心，因为未来什么都有可能发生。

许多交易者都认同对金融市场的如下看法，即我们可以保证自己免受市场波动的影响，但我们不明白为什么会发生这种波动。2018年年初，在市场经历了短暂的下跌和回暖之后，量化交易公司魔法拍档（MANA Partners）的首席执行官马诺伊·纳兰（Manoj Narang）告诉商业新闻组织石英："理解为什么市场会发生这些事仅比理解生活的意义容易一点点。很多人的猜测有根据，但他们其实并不清楚原因。"[7]

如果交易员、银行家、数学家和经济学家都不了解市场变化的真正原因，那是什么让你觉得你可以弄明白一切呢？是什么让你认为亚马逊股票已达到峰值或脸书的股票将继续下跌？是什么让你对进入房地产市场的时机如此自信？

2018年夏天，我受邀参加美国全国广播公司财经频道的《午间财经》栏目，这是美国最大的商业新闻节目之一。我以前也去过新闻演播室，但是这次的规模却大不相同：这个巨大的开放式大厅差不多有一个冰球馆大小，到处都是来回奔波的记者。屏幕到处都是，里面展示了西雅图的豪华办公室、斯堪的纳维亚地下的高速计算机大厅、中国的大型工厂以及在非洲首都举行的商务会议录像。工作人员把我带到编辑室，在这里这些信息被剪辑成实时视频。滚动的股价数字和突发新闻标题淹没了从世界各地发回的报道。

市场方程教给我的是，屏幕上滚动的几乎所有东西都是毫无意义的噪声或社会反馈，都是些废话。观察股价的每日更新，听专业评论员解释你应该或不应该购买黄金，没有任何用处。有很多投资者，包括我在香港遇到的一些投资者，都可以通过透彻研究他们所投资公司的基本面来确定这是不是一次好的投资。但是，除了系统地调查公司的运营和内部运作方式以外，所有投资建议均为随机的噪声，这其中也包括那些过去碰巧赚过钱的大师提出的建议。

这种无法根据过去预测未来的情况也适用于我们的个人财务决策。如果你要买房，请不要去操心过去几年该地区的房价如何变化，你无法用趋势来预测未来。相反，你需要清醒地意识到，随着市场预期的变化，房价会经历巨大的震荡。你需要确保你为房价上涨和下跌做好了心理和财务上的准备，一旦你做好了准备，就去买你最喜欢且负担得起的房子。花点儿时间寻找你喜欢的小区，确定你愿意花多少时间来翻新房屋，看一下上班和上学的通勤时间。最重要的是基本面，市场的基本面，而不是你的房子是否位于一个房价快速上涨的区域。

在购买股票时，也不要想太多。找一家你信任的公司进行投资，然后看看会发生什么。此外，你可以将一些资金投入与股票指数挂钩的投资基金中，该投资基金可以将你的投资分散到许多其他公司的股票中。确保你的退休金足够多。做到这些就差不多了，别太强求。

要测试三副耳机的真实质量很简单。拿出你最喜欢的十首歌曲做成歌单，在每副耳机上一次性听完。随机决定在每副耳机上听每首歌曲的顺序，然后对音质进行排序。不要听朋友说的话，也不要看网络上的评价，自己去发现信号。

*

数学家都狡猾得很。在告诉你一切都是随机的之后，我们又发现了一个与众不同的全新优势。当我们发现无法使用数学预测股价的长期趋势时，我们转而朝相反的方向探索。这次我们关注的是越来越短的时间尺度，我们在无法进行计算的地方找到了优势。

2015年4月15日，沃图金融公司（Virtu Financial）杀入股票市场。该公司由金融交易员文森特·维奥拉（Vincent Viola）和道格拉斯·西福（Douglas Cifu）于7年前成立，它开发了全新的高频交易方法：到距离较远的一家证券交易所，在几毫秒内买卖股票。发行股票之前，沃图金融对他们的交易方法以及赚了多少钱都守口如瓶。但是，为了通过IPO（首次公开募股）在股票交易所上市，它需要开放其财务和业务细节以供检查。

于是秘密浮出水面。沃图金融在5年的交易中，只有一天是亏损的。从任何标准来看，这一结果都是十分惊人的。金融交易员习惯于处理随机性，他们已经学会了应对数周或数月的损失，这是最终获利必然要经历的一部分。然而，沃图金融的交易中没有下跌的部分，它总是处于上升状态。其最初的估值为30亿美元。

耶鲁大学天文学教授格雷格·劳克林（Greg Laughlin）对沃图金融每天都能赢利的这一事实非常感兴趣，他想弄清楚它的表现为何如此可靠。[8]道格拉斯·西福向彭博社坦承只有"51%至52%"的交易可获利。[9]这一说法最初使劳克林感到困惑：如果48%至49%的单次交易都是亏损的，那么要保证每日利润就需要进行大量交易。

劳克林仔细研究了沃图金融进行的交易类型，该公司通过提前了解竞争对手的价格变化来获利。IPO文件显示，沃图金融控股了一家名叫蓝线通信的公司，该公司开发了微波通信技术，能够在约4.7毫秒内在伊利诺伊州和新泽西州的证券交易所之间发送价格信息。迈克尔·刘易斯（Michael Lewis）在其2014年发行的有关高频交易的书《闪电男孩》中指出两个交易所之间的光纤通道的延迟时间为6.65毫秒。沃图金融的信号传输比光纤传输还要快2毫秒。

在1到2毫秒的时间范围内，每笔交易可获得的利润约为0.01美元。这一利润率意味着很多交易不会产生赢利或者亏损，只会产生无足轻重的影响。假设24%的交易是亏损的，而25%的交易是赢利的，格雷格·劳克林计算出每笔交易的平均利润为每股

0.51·0.01 − 0.24·0.01 = 0.002 7 美元。鉴于沃图金融的财报中指出每日交易收入为 44 万美元，这意味着沃图金融每天大约进行 1.6 亿股股票的交易，[10] 这个数量占美国股票市场交易总量的 3% 至 5%。他们会从所有成交的交易中抽取一小笔提成，在高速的交易中，最小的优势也能带来很大的利润空间。

我联系了文森特·维奥拉和道格拉斯·西福，想采访他们。他们都没有回复我。因此我决定打电话给我的朋友马克，[11] 他是另一家大型量化交易公司的数学家，我问他是否可以向我介绍类似沃图金融的公司的工作方式。他概述了高频交易者找到优势的 5 种不同方式。第一是通过速度，它拥有最快的通信渠道，即蓝线开发的微波技术，交易者可以一直比竞争对手更早地了解交易的大方向。第二是通过计算能力，将交易计算结果加载到计算机的中央处理器中需要花费一些时间，因此由多达 100 名开发人员组成的团队会利用计算机显卡来处理交易。

第三条优势是马克和他的团队最常使用的一条，它建立在公式 6 的基础上。近些年来，交易所交易基金（ETF）是一种流行的投资形式，它是在更大的市场，如标准普尔 500 指数（该指数可以衡量美国 500 强公司的股票表现）中对不同公司的分散投资。马克告诉我：“我们会在 ETF 的单只股票价值和 ETF 之间寻求套利机会。”套利指利用同一商品的价格差异来赚钱的无风险机会。如果在几毫秒内，ETF 中所有单只股票的价值都无法反映 ETF 自身的价值，那么马克的算法就可以建立起一系列交易，并从这些价格差异中获利。马克的团队不仅能在当前股价中寻找套利机会，还会利用未来的股价。市场公式可以用于对未来一周、一个月和一年的股票买卖的期权进行估值。如果马克和他的团队能够先于其他人计算 ETF 和所有单只股票的未来价值，他们就可以赚取无风险的利润。

第四大优势属于大玩家。"交易越多越便宜。"马克解释道，"另一个优势是已有的现金或股票贷款可用于支付未来 3 到 4 个月才能结清的投资。"一般来说，富人会更富，因为他们的资本更雄厚，而成本更低。

找到优势的第五种方法是马克在每天经手数百万美元的 15 年职业生涯中从未使用过的方法：尝试预测正在交易的股票和商品的真实价值。有些交易员关注不同业务的基本面，利用经验和良好的判断力做出投资决策，但马克并不是这样的人。"我认为市场在价格方面比我聪明，我会在假设市场是正确的情况下，检验期货或期权的定价是否正确。"

马克的这个观点是市场公式教给我们的最重要的经验，这一经验不仅适用于我们的经济投资，而且也适用于对友谊、关系、工作和业余时间的投资。不要觉得你能准确预测生活中将会发生的事情。你应该去做出你真正有信心的决策（当然，这里应该使用评价公式）。然后使用市场方程里的这 3 项，为未来的不确定性做好心理准备。记住噪声项：会有很多你无法控制的起起落落。记住社会反馈项：当人们不赞同你的看法时，也不要陷入沮丧。记住信号项：即使你有时候不能看到投资的价值，它也依然是有价值的。

*

在过去的 300 年中，拜十会已变得十分有信心去控制随机性，并从不了解该方法的投资者那里获利颇丰。不了解数学奥秘的人看到股票上涨就相信存在潜在信号，然后进行投资，看到股价下跌就会卖出，或者反其道行之，试图去猜测市场。在这两种情况下，他们都没有考虑自己只是探测到了噪声和反馈的可能性。

局外人对金融游戏的理解层次也在缓慢提升。在赌徒和业余投资者谈论信号和噪声的时候，拜十会的成员会耐心倾听。诸如"被随机性愚弄"、"发现信号"、"信噪比"和"两个 $\sigma$"之类的短语被广泛地随意使用。在局外人讨论的同时，拜十会在越来越短的时间尺度上找到了新的优势，甚至不再去寻找信号的存在。他们的算法几乎在每笔交易中都找到了套利机会。

格雷格·劳克林在读完迈克尔·刘易斯的书《闪电男孩》和美国经济学家保罗·克鲁格曼（Paul Krugman）在《纽约时报》上发表的有关该主题的文章后，更加仔细地研究了沃图金融的交易。[12] 格雷格通过邮件告诉我："克鲁格曼的文章所表达的想法是，高频交易者使用复杂的算法从市场上不公平地吸收了财富。"然而，沃图金融的数据根本不支持这种观点，为了提高市场的整体效率，该公司每笔交易的费用提成不到总交易金额的 1%。格雷格告诉我："如果你是基于合理的理由，也就是股票长期可获利和严肃的经济分析来购买股票，那么交易成本将非常低。而如果有人试图通过当日交易来从市场获利，或者有人受恐慌驱动，想在股价高振荡阶段抛售投资组合，那么高频交易就将利用这些行为。"

如果当日交易者像业余赌徒在体育博彩上下注那样在股市上交易，数学家就可以利用交易者缺乏对随机性的理解获利。拜十会一如既往地通过微小的优势赚钱，这没有什么值得大惊小怪的地方。

*

道德问题是我问马克的最后一个问题，他对从他人的交易中获取高速利润有何感想？我问他，当他的团队发现套利机会时，他的利润其实来自养老基金和其他投资者，这些人的交易速度和准确性不如他，对从像我这样的人和其他人的养老金投资中赚钱，他做何感想？

当我们在电话里交流时，马克正站在位于郊区的绿树成荫的自家花园里。他仔细思考了这一问题，我能听到背景音里有鸟儿在唱歌。问他这个问题的时候我感到很尴尬，我明知这个问题不在他职业的技术范围之内，而是关乎他对社会的贡献。像马克这样通过市场方程闷声发大财的人天生就非常诚实，他不得不以与分析股票市场相同的严谨性来分析自己的贡献，他分析所有事时都是如此谨慎。我知道他说的话都是实话。

"我通常不会考虑每一单交易是不是道德，我会问自己市场有没有因为我的交易变得效率更高。总体而言，你拿到的养老金是变多了还是变少了？在高频交易诞生之前，如果你打电话给经纪人去问他们卖价和买价是多少，我保证这两个价格之间的差额要比现在大得多。"

马克描述了一些值得怀疑的做法，即经纪人拿走交易额中很大分成的行为。"现在，公司数量越来越少，但也越来越成熟，它们在每笔交易中只抽取很少的比例。"那些无法正确地计算期货价值，并且从交易中抽取大笔资金的老牌交易公司已经倒闭了。他说："因此，我的感觉是市场比以前更高效，但我也不是很确定，因为交易量也有所增加。"他承认自己并不清楚所有数据，所以对此无法论述太多，但是他告诉我的内容与我从格雷格·劳克林那里听到的是一致的。

马克不确定高频交易所起的作用，但是他很诚实。他没有自我辩解，没有找借口，也没有用意识形态或其他论点为自己辩护。他把一个道德问题变成了一个经济问题。这是 A. J. 艾耶尔会认可的答案。这就是拜十会成员的回答：中立，不包含废话。

# 第 7 章

# 广告公式

$$r_{x,y} = \frac{\sum_i (M_{i,x} - \overline{M}_x)(M_{i,y} - \overline{M}_y)}{\sqrt{\sum_i (M_{i,x} - \overline{M}_x)^2 \sum_i (M_{i,y} - \overline{M}_y)^2}}$$

起初我以为这是一封垃圾邮件，它的开头是"森普特先生："，现在没有多少人写邮件会以冒号开头了。读到正文，我才发现这是华盛顿特区美国参议院商业、科学和运输委员会向我发出的采访邀请，但我仍然持怀疑态度。我感到奇怪的是这样一个邀约居然是以电子邮件的形式发出的。我不确定参议院委员应该怎么联系我，但是我对这一冗长、详细的委员会名称以及非正式的邀约形式感到怀疑。这像是一封诈骗邮件。

但事实证明这封邮件是真的，参议院委员会确实想和我谈谈。我简单回复了邮件表示同意，几天后，我在网络电话上与委员会的共和党工作人员进行了通话。他们想了解剑桥分析公司的事，唐纳德·特朗普雇用这家公司以吸引社交媒体上的选民，据称该公司收集了数千万脸书用户的数据。在媒体上流传的关于剑桥分析公司的故事有两个版本。其中一个版本来自当时的首席执行官亚历山大·尼克斯（Alexander Nix）的精彩演讲，他声称自己在政治选举中使用算法来根据选民的性格精准投放信息。另一版本来自喜欢把头发染成五颜六色的内幕人士克里斯·怀利（Chris Wylie），他声称自己曾帮助尼克斯和他的公司创建了"心理战"的工具，但之后，怀利后悔自己帮助了特朗普当选，而尼克斯在这一次取得成功之后前往非洲开拓业务。

　　我在丑闻爆发的前一年，即2017年曾详细研究过剑桥分析公司使用的算法，得出的结论与尼克斯和怀利所叙述的版本都不一样。我对该公司在美国总统大选中是否造成过关键性影响表示怀疑。他们当然尝试过煽动选民，但我发现他们声称采用的对选民精准投放信息的方法存在缺陷。[1]我的结论是，这两个版本的故事我都不相信，这也是参议院委员会想与我交谈的原因。最重要的是，2018年春季，特朗普政府的共和党派人士想知道如何处理社交媒体上的广告引发的大丑闻。

*

　　在给参议院议员们提供建议之前，我们首先需要了解在社交媒体眼中，我们是什么样的。为此，我们把社交媒体用户当作数据点（社交媒体公司也是这样做的），从最活跃和最重要的数据点开始：青少年。这个群体的特点是求知欲强，对新鲜事物十分好奇。每天晚上他们都会在沙发里窝成一团，或者独自待在卧室中，快速刷着他们最喜欢的社交媒体平台：快拍和照片墙。透过手机这个小窗口，他们可以看到一个令人难以置信的世界：矮人从滑板上掉下来，情侣之间玩着真心话大冒险和积木叠叠乐，狗狗在玩《堡垒之夜》，小孩子们把手缓缓埋进橡皮泥里，十几岁的女孩把妆容毁掉，或者虚构出来的大学生之间的短信对话。这些内容中穿插着名人八卦，偶尔也会出现一些真正的新闻，当然，还有没完没了的广告。

在照片墙、快拍和脸书的后台，与我们关联的兴趣矩阵正在生成。兴趣矩阵是由数字组成的数组，类似于电子表格，矩阵的行代表每个人，列代表他们点击的"帖子"或"快照"的类型。我们用矩阵 $M$ 表示和青少年相关的电子表格。下面是一个简单的例子，简单说明了由 12 个用户组成的社交媒体矩阵大概是什么样的。

| | 食物 | 美妆 | 凯莉·詹娜 | PewDiePie[1] | 《堡垒之夜》 | 德雷克 | |
|---|---|---|---|---|---|---|---|
| | 8 | 6 | 6 | 0 | 0 | 2 | 麦迪逊 |
| | 1 | 6 | 1 | 4 | 0 | 9 | 泰勒 |
| | 2 | 0 | 0 | 9 | 5 | 3 | 雅各布 |
| | 5 | 0 | 9 | 8 | 7 | 2 | 瑞安 |
| | 5 | 9 | 7 | 1 | 0 | 1 | 阿莉莎 |
| $M=$ | 3 | 6 | 9 | 1 | 2 | 3 | 阿什利 |
| | 5 | 7 | 7 | 1 | 2 | 4 | 凯拉 |
| | 6 | 3 | 3 | 5 | 6 | 9 | 摩根 |
| | 6 | 0 | 0 | 0 | 2 | 8 | 马特 |
| | 1 | 4 | 9 | 8 | 2 | 1 | 何塞 |
| | 8 | 7 | 8 | 2 | 3 | 1 | 萨姆 |
| | 2 | 0 | 1 | 8 | 7 | 4 | 劳伦 |

---

① PewDiePie 是国外视频网站的一位人气主播。——编者注

$M$中的数字表示的是一位年轻人点击特定类型帖子的次数。举例来说，麦迪逊翻看了 8 条美食帖子，各 6 条关于美妆和名人凯莉·詹娜的帖子，没有点击优兔网站上博主PewDiePie的视频或关于游戏《堡垒之夜》的帖子，但看了关于说唱歌手德雷克的 2 条帖子。

只要看一眼这个矩阵，我们对于麦迪逊是个什么样的人就有了一个大致印象。将麦迪逊的形象在你的脑海里勾勒出来，然后花几秒想象一下我在这里创建的其他角色，你可以参考他们的浏览记录。不用担心，他们并不是现实中的人，你在这里可以随心所欲地评价这些人。

矩阵中还有其他一些与麦迪逊类似的人。例如，萨姆喜欢美妆、凯莉·詹娜和美食，但对其他类别却只有暂时的兴趣。也有人与麦迪逊大不相同。雅各布最喜欢PewDiePie和《堡垒之夜》，劳伦也是如此。有些人并不完全符合这两类刻板印象。例如，泰勒喜欢德雷克和美妆，但对 PewDiePie 也很感兴趣。

广告公式是一种对不同的人自动建立起刻板形象的数学方法，它的形式为：

$$r_{x,y} = \frac{\sum_i (M_{i,x} - \overline{M_x})(M_{i,y} - \overline{M_y})}{\sqrt{\sum_i (M_{i,x} - \overline{M_x})^2 \sum_i (M_{i,y} - \overline{M_y})^2}} \qquad (公式\ 7)$$

它度量了不同类型的事物之间的相关度。如果喜欢凯莉·詹娜的人也喜欢美妆，那么$r_{美妆,\ 凯莉}$就是一个正数，我们会说凯莉和美妆之间正相关。另一方面，如果喜欢凯莉的人不那么喜欢

PewDiePie，那么 $r_{\text{PewDiePie, 凯莉}}$ 就是一个负数，我们称其为负相关。

为了理解公式 7 在现实中是如何使用的，我们来逐步拆解它。我们从 $M_{i,x}$ 开始，它表示矩阵 $M$ 中第 $i$ 行第 $x$ 列的值。麦迪逊浏览了 6 条和美妆相关的帖子，所以 $M_{\text{麦迪逊, 美妆}} = 6$。行 $i$ = 麦迪逊，列 $x$ = 美妆。通常我们提到 $M_{i,x}$ 就是指矩阵 $M$ 中第 $i$ 行第 $x$ 列的元素。现在我们看 $\overline{M_x}$，这个数代表看过 $x$ 类别帖子的人数的平均值。例如，观看美妆视频的平均人数为 $\overline{M_{\text{美妆}}} = 4$，也就是（6 + 6 + 0 + 0 + 9 + 6 + 7 + 3 + 0 + 4 + 7 + 0）/12 = 4。

如果我们用麦迪逊的个人数据减去观看美妆视频人数的平均值，我们得到 $M_{i,x} - \overline{M_x} = 6 - 4 = 2$，这告诉我们麦迪逊对于美妆的兴趣高于平均值。同理有 $\overline{M_{\text{凯莉}}} = 5$，我们同样能看到麦迪逊对于凯莉的兴趣高于平均值，因为 $M_{i,y} - \overline{M_y} = 6 - 5 = 1$。其中 $i$ 代表麦迪逊，$y$ 代表凯莉。

上面两段只介绍了数学上的记法，它们为公式 7 最神奇、最有力量的核心思想奠定了基础：我们将 $(M_{i,x} - \overline{M_x})$ 和 $(M_{i,y} - \overline{M_y})$ 两个结果相乘，就得到人们对两者都感兴趣的可能性。对于麦迪逊，我们有 $(M_{\text{麦迪逊, 美妆}} - \overline{M_{\text{美妆}}})(M_{\text{麦迪逊, 凯莉}} - \overline{M_{\text{凯莉}}}) = (6 - 4) \cdot (6 - 5) = 2$。这意味着她对于凯莉和美妆都挺有兴趣的。

对于泰勒而言，美妆和凯莉的相关性是负的，$(6 - 4) \cdot (1 - 5) = -8$，因为他只对前者感兴趣。对于雅各布而言相关性是正的，$(0 - 4) \cdot (0 - 5) = 20$，因为他两者都不喜欢。注意一下这里的一些细节，雅各布和麦迪逊的相关性均为正，但他们对凯莉和美妆的态度完全相反。他们的视角都表明喜欢凯莉和喜欢化妆之间是有

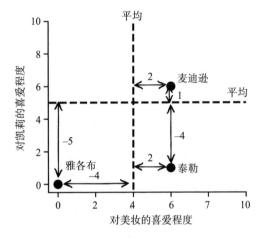

图中展示出每个人对美妆和凯莉的喜好相对于平均水平的距离

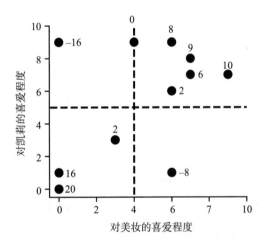

对两个事物喜好的相关度用两个距离的乘积表示。因此，麦迪逊贡献的相关度是 $2 \cdot 1 = 2$，泰勒贡献的相关度是 $2 \cdot (-4) = -8$，以此类推

在这个例子中，只有两个人对凯莉和美妆的态度是相反的

图 7-1　图解相关性的计算

关联的，即便雅各布对这两者都不感兴趣。但是泰勒使用社交媒体的习惯不太符合这一模式。

事实上，我们可以对每个人做相同的计算，然后将这些结果相加，也就是

$$\sum_i (M_{i,x} - \overline{M_x})(M_{i,y} - \overline{M_y})$$

其中 $\sum_i$ 代表对 12 个人的结果求和。把所有人对美妆的看法乘以他们对凯莉的看法，再将结果相加，可以得到

$$2 - 8 + 20 - 16 + 10 + 8 + 6 + 2 + 20 + 0 + 9 + 16 = 69$$

这当中多数的值为正，这表明孩子们对于凯莉和美妆的态度是相似的，麦迪逊和雅各布贡献出了正数，分别是 2 和 20。泰勒和瑞恩是个例外，泰勒喜欢美妆但不喜欢凯莉，瑞恩不喜欢美妆但喜欢凯莉·詹娜，这两人贡献出了 –8 和 –16 这两个值。

数学家不喜欢像 69 这样的大数，我们希望数字尽可能小，最好是 0 或 1，这样方便我们比较。在公式 7 中我们通过分母实现了这一点，我省略了计算细节，代入后得到的结果如下：

$$r_{\text{美妆, 凯莉}} = \frac{69}{\sqrt{120 \cdot 152}} = 0.51$$

这里得到的 0.51 表现了美妆和凯莉之间的相关性。1 表明两件事物之间有完全的相关性，0 代表没有相关性，因此 0.51 意味着喜欢美妆和喜欢凯莉之间的相关性是中等。

我们已经做了一些计算，但是我们只了解了对青少年特征至

关重要的 15 个数字中的 1 个！我们不仅想了解美妆和凯莉之间的相关性，还想了解其他不同类别内容之间的相关性：食物、美妆、凯莉、PewDiePie、《堡垒之夜》和德雷克。幸运的是，现在我们知道如何使用公式 7 计算相关性了，我们只需要将每对类别的数据逐个代入公式就好。通过这个过程，我们可以得到所谓的相关系数矩阵，记为 $R$。

$$R = \begin{pmatrix} 1.00 & 0.24 & 0.23 & -0.61 & -0.10 & -0.11 \\ 0.24 & 1.00 & 0.51 & -0.63 & -0.74 & -0.26 \\ 0.23 & 0.51 & 1.00 & -0.17 & -0.17 & -0.69 \\ -0.61 & -0.63 & -0.17 & 1.00 & 0.71 & -0.08 \\ -0.10 & -0.74 & -0.17 & 0.71 & 1.00 & 0.06 \\ -0.11 & -0.26 & -0.69 & -0.08 & 0.06 & 1.00 \end{pmatrix} \begin{matrix} 食物 \\ 美妆 \\ 凯莉·詹娜 \\ PewDiePie \\ 《堡垒之夜》 \\ 德雷克 \end{matrix}$$

食物　美妆　凯莉·詹娜　PewDiePie《堡垒之夜》德雷克

在 $R$ 中，"凯莉"那行、"美妆"那列对应的值为 0.51，即我们刚刚计算出的相关系数。其他行和列的计算方法完全相同。例如，《堡垒之夜》和 PewDiePie 的相关系数为 0.71，而《堡垒之夜》和美妆的相关系数为 –0.74，也就是负相关，这意味着爱玩该游戏的人通常对美妆不那么感兴趣。

相关系数矩阵将人分为不同的类型。我在前文让你在头脑中勾勒出这些年轻人的形象，带有偏见也无妨时，实际上就是让你建立自己的相关系数矩阵。PewDiePie 和美妆之间的相关性使麦迪逊、阿莉莎、阿什利和凯拉等人被分到了同一类，PewDiePie 和《堡垒之夜》之间的相关性使雅各布、瑞恩、摩根和劳伦被分到了另一类。泰勒和马特则不太符合这些简单的分类规则。

2019 年 5 月，我与社交平台快拍的数据科学家道格·科恩（Doug Cohen）讨论了他们的用户相关系数矩阵中的信息。

"那里几乎记录了你在快拍软件上做的所有事情。"他回答，"我们会翻看用户与朋友间的聊天频率、跟聊天对象点燃的小火苗数目、使用的滤镜、花在看地图上的时间、参与群聊的次数以及他们在看内容或者看朋友圈上花费的时间，我们希望了解这些活动是如何相互关联的。"

这些数据都是匿名的，所以道格不知道每个人在做什么。但是，这些相关性使快拍可以将用户分为"自拍上瘾者"、"纪录片制造者"、"美妆专家"和"滤镜皇后"等类别，他们自创了一些营销术语来给用户命名。[2]

一旦他们了解到是什么吸引了用户，他们就可以给用户提供更多同质化的东西。听到道格谈起他在提高用户参与度方面的工作，我忍不住说："等一下，作为父母，我正努力让我的孩子减少对手机的依赖，而你却在尽最大努力提高他们玩手机的频率！"

道格试图通过贬低竞争对手的所作所为来为自己公司辩解。他说："我们不像脸书那样试图让用户把更多时间花在网站上，但我们要关注用户的参与率，即用户每天打开软件的频率。我们帮助用户建立起与朋友的联系。"

快拍不一定希望我的孩子将所有时间都花在它身上，但他们确实希望这些年轻人以一定频率打开这个应用来获得更多信息。我可以通过个人经验告诉你，它使用的策略确实有用。

*

大多数人都希望被视为独立的个体，而不是被刻板印象所固化，但公式 7 完全无视了这一意愿，它将我们简化为我们与所爱之物之间的相关系数矩阵。

脸书的数学家早在平台开发的初期就意识到了相关系数的力量。每次你点赞或者评论了某个主题时，你的这些活动都会向脸书提供关于你个人的数据。脸书使用这些数据的方式一直在进化。2017 年，我开始观察分析师是如何监控我们的，那时候的分类非常有趣：脸书会给我们贴上"英国流行音乐"、"皇家婚礼"、"拖船"、"脖子"和"中上层阶级"等标签。

这种分类使许多脸书用户感到不舒服，更重要的是这种分类并不能帮公司挣钱，因为它们对广告商而言并不是特别有用。2019 年，脸书修改了其标签，使其更符合产品定位。公司用约会、育儿、建筑、退伍军人、环保主义等标签来描述用户的类别。

看到这种分类，很多人会认为这也不对，你可能会在心底大喊："我不是一个数据点，我是一个真实的人，一个人！"很抱歉打碎了你的幻想，但其实你并不像你想的那样独特。你浏览的内容已经出卖了你，还有很多其他人具有与你相同的兴趣组合，喜欢跟你一样的照片滤镜，跟你一样喜欢自拍，关注相同的名人，并且点击与你同样的广告。实际上，每个人并不是一个独立的人，在脸书、快拍和你使用的其他应用程序眼中，人都是被分为一个个群体的，每一类人彼此聚集在一起。

毫无疑问，我们都是矩阵中的数据这一事实会令你沮丧，但你应该欣然接受它。为了搞清楚我为什么这么说，我们需要从另一个角度考虑对人进行分类这件事，虽然这种分类没那么吸引人。

假设矩阵M包含的是麦迪逊、泰勒和其他几个孩子的基因，而不是他们在社交媒体上的兴趣点。现代遗传学家将我们视为数据点：一个由1和0组成的矩阵，代表我们是否拥有某些基因，他们把人看作相关系数矩阵，以此挽救生命。它使科学家能够确定病因，找到适合个人DNA（脱氧核糖核酸）的个性化药物，并更好地了解各类癌症的发展。

它还使我们能够回答有关人类起源的问题。斯坦福大学的研究员诺厄·罗森堡（Noah Rosenberg）和他的同事们构建了一个矩阵，其中包含来自世界各地的4 199组不同的基因和1 056个不同的人。这些基因在所研究的人群中至少有两种不同的变体，这一点很重要，因为所有人类都有许多共同的基因（正是这些基因使我们成为人类）。罗森堡致力于寻找人与人之间的差异，以及我们的出生地如何影响这些差异。非洲人与欧洲人有何不同？来自欧洲各地的人们又有何不同？我们通常所说的种族能解释我们基因之间的差异吗？

为了回答这个问题，罗森堡首先使用公式7计算了人与人之间所共享基因的相关性。[3] 然后，他使用了ANOVA（方差分析）来检验我们的出生地是否足以解释这些相关性。这个问题没有"是"或"否"的答案：ANOVA给出的百分比介于0%和100%之间。猜一猜我们祖先的起源能在多大程度上解释我们的遗传构成？ 98%，50%，30%，还是80%？

答案是5%到7%，只有这么多，其他研究也证实了罗森堡的发现。尽管某些基因在种族之间的差异非常明显，最突出的例子是调节黑色素产生和肤色相关的基因，但种族的概念在对人类进行分类时极具误导性，我们祖先的地理起源根本无法解释种族之间的差异。

如果我在2020年批判种族生物学的幼稚，可能会显得有点儿傲慢，但不幸的是，有些人确实相信某些种族天生就智力低下。这些种族主义者的观点是错误的。还有一些人会说出类似"我不是种族主义者，但……"这种话，他们认为种族平等的观念是由老师或社会强加给我们的。我认识一位退休教授，就是那位为奎利特撰写文章的教授（见第3章），他也是这类人。种族主义者认为，出于政治正确的原因，我们逃避了关于种族差异的讨论。

实际上，我们的祖先来自哪里仅占我们基因变异的一小部分。此外，基因不能完全确定我们作为个体的身份。我们的价值观和行为方式取决于我们的经验以及与我们接触的人，我们究竟是谁与生物种族或我们的祖籍几乎没有关系。

和雅各布、阿莉莎、麦迪逊和瑞安一样，出生在新千年的年轻人组成了所谓的Z世代。对于这一代人来说被视作独立的个体极为重要，他们当然不希望按照性别和性取向被分类。一项针对美国Z世代300个人的调查发现，只有48%的人认定自己为完全异性恋，1/3的受访者更倾向于认为自己是双性恋，[4] 他们中有3/4以上的人认为"性别对人的定义不像以前那样大"。我所属的年龄段

X世代（指出生于20世纪60年代中期至70年代末的一代人）对Z世代"拒绝"看到性别差异表示怀疑。同样，有一种观念认为Z世代试图用政治正确取代生物学中的基本事实。

不过，Z世代的这一变化可以通过另一种方式来看待：Z世代拥有比我们年轻时更多的数据。当X世代在电视节目和有限的经验提供的少数几种刻板印象下成长时，Z世代面对的却是扑面而来的多样性和个性化，他们认为这种个性比维持对性别的刻板印象更为重要。

脸书基于我们的兴趣相关性定向投放广告的成功表明，Z世代的世界观在统计上是正确的。在加入快拍之前，道格拉斯·科恩曾在脸书从事广告工作，他告诉我，他的前任雇主的广告商之间相互竞价，把广告投放在相关系数矩阵所确定的小兴趣团体上。广告商会竞价换取与手工爱好者、动作片爱好者、冲浪爱好者、在线扑克玩家和许多其他兴趣团体的人直接对话的权利，他们愿意付出两倍或者三倍的价格。对广告商来说，个体身份很值钱。

根据人们真正喜欢的东西和喜欢的运动对人群进行适当的分类非常有效且公平。相关性可以帮助我们找到具有共同兴趣和目标的人群，就像科学家利用基因之间的相关性来查找疾病的起因一样。

\*

对于年轻的数据科学家来说，议会大厦可能是一个令人生畏的地方。妮科尔·尼斯比特（Nicole Nisbett）在利兹大学与我碰面时如此说道："不久前，威斯敏斯特①还将公众称为'陌生人'，但现在情况正在发生变化，威斯敏斯特的工作人员正在积极地向公众和研究人员抛出橄榄枝，但这也表明它对外界产生了前所未有的警惕。"

妮科尔读博士已经两年，她一半的时间待在利兹大学，另一半的时间在下议院，这意味着现在她可以进入议会大厦的大部分区域。她的任务是加强议会议员及其常任职员与外界的互动。在妮科尔开始博士项目之前，许多负责政府日常运作的工作人员感到，他们无法融入公众在脸书或在一些兴趣论坛上发起的讨论。"还有一种感觉是他们早已知道人们会告诉他们什么，"妮科尔说，"筛选出所有负面评论和谩骂是一项艰巨的任务。"

妮科尔的数据科学背景赋予了她不同的洞察力。她清楚地知道推特和脸书上的评论数量对于任何个人来说都是海量的，但她清楚如何找到相关性。她向我展示了她创建的一幅图，该图总结了是否应该禁止动物皮毛制品销售的讨论。她将讨论中出现的所有单词都放在一个矩阵中，并重点检查它们是如何用到一起的。很多单词被联系在一起，和"皮毛"一起出现得比较多的词有"销售"、"贸易"、"工业"，然后是"野蛮"和"残酷"。另一组词将"遭受"、"杀死"和"美丽"联系在一起。第三组词是"福利"、"法律"和"标准"。每一组都总结了一部分论点。

在这幅图的一个区域，两个单词并排出现：一个是"电刑"，另一个是"肛门"，一条粗线将它们连接了起来。我盯着这两个单

---

① 指威斯敏斯特官，即英国议会大厦。——编者注

词，试图弄清楚妮可想要我理解的内容。妮科尔告诉我："起初我们以为是巨魔在使用这些词。"在任何辩论中，总是有一方会使用侮辱性的语言试图击垮对方。但是，在有辱人格的讨论中，单词之间的相关性往往会降低——从理论上说，骂人的话是随机的——而这两个单词却被许多不同的人反复使用。妮科尔观察了包含这些单词的句子，发现这原来是一群非常有见识的人在讨论一个真实存在的问题：养殖的狐狸和浣熊的身体被插入高电压电极致死。这为议会工作人员的讨论增加了新的维度，如果没有妮科尔的工作，他们永远不会注意到这点。

妮科尔告诉我："我不去假设公众会写些什么，我的工作是归纳公众的意见，以便议会能够对争论做出更快的反应。"她的分析会围绕不同的观点，并不是出于政治正确的缘故，而是因为突出重要观点在统计学上是正确的。少数人的意见之所以需要被听见，是因为它们确实有助于辩论的展开。相关性使论点的各个方面得到全面的体现，因此我们不必从政治立场出发来决定是否应该听取某一方的意见。

"这只是迈出的第一步，我们无法用统计学解决所有问题。"妮科尔这样告诉我，然后她笑着说，"对于英国脱欧这件事，再多的数据分析也于事无补！"

\*

社会科学家竭尽全力寻找从统计学上对数据的正确解释。

我第一次了解斯德哥尔摩未来研究所的研究员比·普拉宁（Bi Puranen）是通过她在圣彼得堡的一场关于政治变革的会议上的发言。我们所访问的那个研究所的研究人员由普京任总理期间的俄罗斯总统德米特里·梅德韦杰夫提供资金，但在那里工作的年轻博士生是坚决反体制的，他们渴望民主改革，并热情地向我们讲述了他们的观点是如何遭到压制的。我目睹了普拉宁是如何谨慎地处理这一冲突的，她同情学生的遭遇，但也接受了在普京领导下的俄罗斯进行项目研究的现实。

普拉宁与俄罗斯研究人员合作进行"世界价值观调查"。对她而言，一个重要的目标是保证在俄罗斯进行这项调查的方式与其他国家（总共近 100 个国家）完全相同。通过向世界各地的人们询问相同的问题，其中许多问题涉及诸如民主、同性恋、移民和宗教等敏感话题，普拉宁和她的同事们想了解这个星球上不同人的价值观是如何根据国籍变化的。[5] 对于这一点，即便是出于政治动机做研究的人也很快能理解：应该尽可能以中立的方式收集数据。

调查中共包含 282 个问题，因此相关性为收集到的答案之间的相似性和差异性提供了一种有效的度量方法。普拉宁的两位同事罗纳德·英格尔哈特（Ronald Inglehart）和克里斯蒂安·韦尔策尔（Christian Welzel）发现，强调家庭价值观、民族自豪感和宗教信仰的人的道德观往往反对离婚、堕胎、安乐死和自杀。[6] 这些问题的答案所呈现的相关性使英格尔哈特和韦尔策尔能够从传统/世俗这一维度对不同国家的公民进行分类。摩洛哥、巴基斯坦和尼日利亚等国更偏向于传统国家，而日本、瑞典和保加利亚则更偏向于世俗国家。这个结果绝不意味着这个国家的每个人都持有相同的观点，但是它提供了在每个国家中流行的普遍观点。

克里斯蒂安·韦尔策尔进一步寻找了答案之间的其他关联。关心言论自由的人在教育中也更重视想象力、独立性和性别平等，并且对同性恋持宽容态度。这些问题的答案——韦尔策尔称之为解放价值——是正相关的，英国、美国和瑞典等国家具有较高的解放价值。

这里真正重要的一点是，传统/世俗这一维度与解放价值是不相关的。例如，20世纪初，在俄罗斯人和保加利亚人的观念里有很高的世俗价值，但他们不重视解放价值。在美国，自由和解放对几乎每个人而言都很重要，但宗教和家庭价值观被许多公民视为最重要的因素，从这个意义上说，该国仍然是传统价值的国家。斯堪的纳维亚具有世俗和解放双重价值观，而津巴布韦、巴基斯坦和摩洛哥则处于相反的极端，既重视传统又尊重权威。

这两个独立维度的分离使比·普拉宁产生了一个想法，她想了解移民在到达瑞典之后的价值观是如何变化的。2015年，有15万移民来到瑞典寻求庇护，这些人主要来自叙利亚、伊拉克和阿富汗。这个数字大约占瑞典总人口的1.5%，而且他们都是在一年内从这三个国家来到瑞典的，这三个国家的文化价值观与瑞典完全不同。

西欧人在看待这些移民时，经常会关注与他们的传统价值观有关的事物：例如头巾或新建的清真寺。这些观察结果使一些人得出结论，出于某种原因，穆斯林的价值观未能适应新的家园。

外在表现可能显示出移民正在努力保持自己的传统，但从统计学真正去了解其内在价值观的唯一方法是与他们交流并了解他们的想法。普拉宁和她的同事正是这样做的，他们调查了过去10年内移民来到瑞典的6 501个人，询问他们的价值观是什么。

结果令人惊讶。这些移民中的许多像典型的欧洲人一样具有对性别平等的渴望和对同性恋的容忍，但同时又没有瑞典的极端世俗主义。他们保持了自己的传统价值观，即重视家人和宗教，这些对旁观者而言是显而易见的。实际上，居住在斯德哥尔摩的典型的伊拉克或索马里家庭的价值观与居住在得克萨斯州的典型美国家庭价值观非常相似。

穆斯林并不是唯一一个没有被统计学准确理解的民族群体。当人们谈论起基督教美国人时，我经常听到反对堕胎和恐同的观点被绑定在一起。然而，新罕布什尔大学社会学教授米歇尔·狄龙（Michele Dillon）已经证实一些反对堕胎的宗教群体也支持同性婚姻，而其他宗教团体则持相反的观点。[7]一般来讲，堕胎和同性恋权利在宗教团体中被视为不同的问题。

\*

随着我们的生活越来越多地被公布到网上，我们可利用的数据也在增长：我们在脸书上与谁互动、我们喜欢什么、去了哪里、买了什么，这些数据一直在积累。每次的社交互动、搜索查询和消费决策都被存储在脸书、谷歌和亚马逊的服务器中。这就是大数据的世界，我们不再被年龄、性别或出生地定义，而是由反映了我们的一举一动和所思所想的数以百万计的数据来定义。

拜十会很快采取了行动应对大数据带来的挑战，他们将世界人口汇总在矩阵里，根据人们的兴趣将不同的人联系起来。他们认为自己已经证明种族主义和性别歧视成为过去。他们度量了社会如何朝着一个更加宽容的方向发展——一个公平的世界，尊重每个真实的个体。拜十会在统计学上是正确的。

维持社会新秩序的大部分资金来自为个人量身定做的广告，广告商为了通过脸书将商品展现给小群体用户进行竞标。脸书雇用了大量数据科学家和统计学家来提供更准确的信息，于是精准投放广告这一新领域诞生了。我们可以根据数据得到小群体用户的特征侧写，并在正确的时间提供正确的信息以最大程度地吸引他们。

拜十会成员再次大获全胜，将广告和营销这一领域添加到他们已解决问题的列表中。这次，他们似乎站在了道德的这一边。但还有一个问题，关注矩阵中数字的不只有拜十会成员，但是并非所有能看到这些相关系数的人都能正确理解其中的规律。

\*

安雅·兰布雷希特（Anja Lambrecht）的研究与如何正确地使用大数据有关。作为伦敦商学院的市场营销学教授，她研究了品牌服装、体育网站等多数场景中数据是如何被利用的。她在一封电子邮件中向我解释说，尽管在广告中使用大数据有明显的好处，但考虑其局限性也很重要。她告诉我："如果不懂得从数据中提取合适观点的方法，那么大数据也帮不上什么忙。"

兰布雷希特和她的同事凯瑟琳·塔克（Catherine Tucker）在一篇科学文章中使用网络购物的场景来解释这个问题，[8] 下面的例子就从文章中改编而来。想象一下，一家玩具零售商发现，通过网络看到他们广告的次数越多的消费者，购买的玩具越多。他们通过这种方式在广告和玩具购买行为之间建立了关联，他们的"大数据"营销部门由此认为这一广告战略是有效的。

现在我们从另一个角度看待这件事。设想两个人，艾玛和朱莉，她们虽然不认识，但是她们都有个 7 岁的侄女。她们在圣诞节前的最后一个星期日刷脸书时看到了该公司的玩具广告。艾玛一周都在忙工作，没有时间购物。朱莉在度假，于是将大把时间都花在了挑选圣诞节礼物上。在接二连三看到零售商针对某一款智力游戏玩具的广告后，朱莉点了进去并决定购买。艾玛则是在 12 月 23 日下午去了一家商店，抢购了一辆乐高露营车。

朱莉看过广告的次数比艾玛多得多，但这是否意味着广告有效？不，我们并不知道如果艾玛有时间看广告，她会怎么做。那些得出他们的广告战略可能有效的大数据运营部门可能弄混了相关性和因果性。我们不知道朱莉购买智力游戏玩具这一行为是不是由广告引发的，因此我们无法断定它是否有效。

分辨出哪些是因果关系，哪些是相关性是很困难的。我之前为麦迪逊、瑞安和他们的朋友创建的相关系数矩阵只基于很少的观测结果，因此我们不能从这个矩阵里得出任何一般性的结论（还记得置信公式吗？）。但是，假设我们针对快拍的大量用户数据得到了同一个矩阵，发现PewDiePie与《堡垒之夜》之间的相关性确实较高，那我们能否得出帮助PewDiePie获得更多订阅用户的举动也将增加《堡垒之夜》的玩家数目？不，我们不能，得出这个结论就又混淆了相关性和因果性。孩子们玩《堡垒之夜》，并不是因为他们在优兔网站上看PewDiePie的视频。如果提高PewDiePie订阅量的广告增加了孩子们观看PewDiePie视频的时间，他们也将没时间再玩《堡垒之夜》了。

那如果《堡垒之夜》在PewDiePie频道上购买广告空间会怎么样？这可能行得通：也许某些《堡垒之夜》玩家本来已经转去玩《我的世界》了，而PewDiePie可以再次吸引他们，但是该方案也很可能失败。可能的情况是，PewDiePie观众对《堡垒之夜》的兴趣已经达到饱和。也许正确的策略是让凯莉·詹娜也玩这个游戏！

稍加思考就会发现从PewDiePie/《堡垒之夜》之间的数据相关性直接得到因果性存在诸多问题。但是，当大数据革命开始时，许多这类问题都被忽略了。公司被告知，他们的数据非常有价值，因为他们以为自己已经掌握了与客户相关的所有信息。但事实并非如此。

\*

剑桥分析公司就是一个没能考虑到因果关系的典型例子。

当我通过网络电话与参议院委员会交谈时，参议院委员会听得很仔细。"剑桥分析公司从脸书用户那儿收集了很多数据，特别是他们点赞的产品和网站。他们的目的是利用这些数据来定位脸书用户的个性。他们希望向敏感的人传达应该用枪去保护家人的信息，向传统的人传达枪支应该由父亲交给孩子的信息。每项宣传内容都是针对选民量身定制的。"

我知道，正与我交谈的那个群体——共和党委员会成员——可能在设想拥有这种工具能为下一次选举带来什么好处，因此我快速切入正题："但是由于某些原因，这行不通。首先，不可能通过点赞来可靠地分析人的个性。他们的目标定位算法错误的概率可能大于50%。其次，从脸书用户群体中找到的神经过敏型的人，通常喜欢涅槃乐队和情绪摇滚，这和会使用武器保护家人的神经过敏型的人不同。

我仔细讨论了混淆相关性和因果性会引发的问题。剑桥分析公司在创建他们的算法时，选举尚未开始，那么他们如何测试自己的策略是否能够正常运作？

我告诉他们，假新闻是无法影响选民的，这是我在以前的《寡不敌众》（*Outnumbered*）一书中研究的一个问题。[9]我还告诉他们，与回音室理论相反，民主党和共和党选民在2016年大选中其实都看到了故事的不同角度。我的观点与当时自由主义媒体的许多共识相违背，后者将特朗普的胜利视为操纵网络选民的成功。他的选民被指控过于天真，受到了洗脑的毒害。剑桥分析公司事件已经上升到了社交媒体可以轻易影响公众舆论的程度，我不同意这一点。

电话另一头的人说道："我们先讨论一下。"

他们花了大约 30 秒钟才达成一致意见。"我们想带你去华盛顿与参议院委员会面谈，你能来吗？"

我没有立即回复。我说这得提前请假，并告诉他们我得考虑一下。

那时我真的不确定是否应该去。但睡了一觉之后，我越来越觉得我不应该这么做。我意识到他们并不是希望我前往美国向参议员解释因果关系和相关关系。他们希望我证明剑桥分析公司和假新闻对特朗普当选没有推动作用。他们只是想听到我说出与他们的叙述相符的结论，而不是真正理解我所使用的模型，所以最终我决定不去。

不过，那个夏天我确实去了一趟美国。就在亚历克斯·科根在参议院听证会上作证后，我参观了纽约市并与他见了一面。亚历克斯是剑桥大学的研究员，被视为剑桥分析公司事件中的主谋之一，他下载了 5 000 万名脸书用户的数据，然后将其出售给了剑桥分析公司。这不是一个特别明智的举动，他现在特别后悔。

在我开始研究剑桥分析公司所使用方法的准确性时，我认识了亚历克斯。我喜欢和他交流，也许他并没有创建最好的公司，但他对到底应该如何使用数据有着深刻的理解。他确实试图创造克里斯·怀利所谓的"心理战"工具来精确定位选民，但是他也得出了结论，这种武器根本没法被制造出来，因为数据不够好。

他在剑桥分析公司工作的时候，对剑桥分析公司所使用的方法得出了和我相同的结论。他说："那堆破玩意儿根本不管用。"在参议院听证会上，他以更加礼貌的方式告诉了参议员同样的事情。

*

剑桥分析公司最大的问题在于他们的方法根本行不通。

在"大数据"时代刚刚拉开序幕的时候，许多所谓的专家建议用相关系数矩阵来更好地理解其用户和客户，但这件事并没有那么简单。基于数据相关性的算法不仅被用于政治广告，还被用于提供关于量刑的建议、评估学校教师的表现以及寻找恐怖分子。凯茜·奥尼尔（Cathy O'Neil）的《算法霸权》（*Weapons of Math Destruction*）很好地阐述了由此带来的问题。[10] 算法像核弹一样毫无区分能力。虽然"精准投放"一词表明可以严格控制向哪些人群展示广告，但实际上，这些方法对人群进行正确分类的能力非常有限。

对于线上广告而言，这并不是一个太大的问题。如果向《堡垒之夜》玩家展示化妆品广告，他的生活不会受影响。但是通过算法被标记为罪犯、问题教师或恐怖分子则是另一回事了，这些人的职业和生活可能会被永远改变。基于相关性的算法是客观的，因为它们来自数据。实际上，我在我的上一本书《寡不敌众》中提到，很多算法的错误率达到 50% 左右。

我发现，根据相关性矩阵设计算法可能存在很多问题。例如，谷歌在其搜索引擎和翻译服务中呈现单词的方式是建立在单词使用的相关性基础上的，[11] 维基百科和新闻报道数据库也被用于识别某些单词组合同时出现的情况。[12] 当我测试这些语言算法如何看待我的名字戴维和全英国最受欢迎的女性名字苏珊时，它得出了一些令人不敢恭维的结论。戴维被认为是"智慧"、"有头脑"和"聪明"的，但是苏珊被标记为"足智多谋"、"神经质"和"性感"的。造成此问题的根本原因是，这些算法是建立在我们撰写的历史文本的相关性这一基础上的，这些相关性充满了刻板印象。

大数据所使用的算法发现了相关性，但它们不了解这些相关性的原因。因此它们会犯下大错。

*

过度推销"大数据"带来的后果很复杂，但原因很简单。还记得我们将世界划分为数据、模型和废话吗？公司和公众在没有合理模型的情况下被强行塞入了很多数据。当缺少模型时，我们所听到的多数就是废话。亚历山大·尼克斯和克里斯·怀利讨论针对用户性格的精准投放和心理战工具，这些内容就是废话，那些预测教师表现并创建量刑软件的公司对其产品的有效性夸大其词，脸书以种族友好为目的的广告反而强化了错误的刻板印象。[13]

安雅·兰布雷希特提出了一个解决方案。她通过引入一个模型（创建一个故事）来解决因果关系问题，类似于之前艾玛和朱莉及其购物方式的例子。通过从客户的观点思考，而不仅仅是查看收集的数据，我们可以评估广告宣传成功与否。尽管兰布雷希特没有这样描述，但她在做的事就是将问题分解为模型和数据，这也是本书一直使用的策略。数据本身并不能告诉我们什么，但是将其与模型结合使用时，我们可以获得一些洞察。

这种确定因果关系的基本建模方法被称为A/B测试。我已经在第1章中概述了该方法，我们现在可以将其付诸实践。公司应该在其客户身上尝试两种不同的广告：第一种是他们希望测试有效性的原始广告，第二种是对照广告，例如没有提及这家玩具公司的慈善广告。如果看到慈善广告的顾客购买的产品与看到原始广告的顾客一样多，那么公司就知道广告没有效果。

安雅·兰布雷希特的研究提供了许多有关如何处理因果关系的范例。在一项研究中，她调查了当前广告业的共识：吸引社交媒体早期趋势用户的注意有助于扩大产品的影响力。[14] 如果广告商以紧跟潮流的人为目标，那么广告应该会产生更大的影响。这看上去很有道理，不是吗？

为了测试该想法的正确性，兰布雷希特和她的同事们将第一种用户（A组），也就是最早分享具有最新趋势的#标签的用户，例如#纪念纳尔逊·曼德拉和#矫正未来2013，与第二种用户（B组），也就是相对较迟使用这些标签的人，进行了比较。研究者分别向A组和B组用户展示了指向赞助广告的链接，并对他们有没有点击或分享广告进行了统计。

事实证明，"早期趋势用户"理论是错误的。与B组相比，A组分享或点击广告的可能性较小。无论广告内容是慈善广告还是时尚品牌，结果均一致，这表明影响别人的用户难以被影响。他们之所以是早期趋势用户，是因为他们会在分享之前做出自己的判断，他们的独立性和良好的判断力很可能是其他人关注他们的部分原因。没有良好判断力的早期转发者只是垃圾信息发送者，没人愿意关注垃圾信息发送者。

在快拍软件上，道格·科恩和他的团队对所有内容进行了A/B测试。当我与他交谈时，他们正在研究来自应用程序的通知，他们通过测试各种各样的方案，想找到能鼓励用户打开该应用程序的方式。科恩对他们到底在多大程度上了解客户这一点持谨慎态度："你早上起来的时候和你晚上睡觉的时候就是两个不同的人。因此，我们可以将你归为一个宽泛的分类，但是随着年龄的增长，你会在一周、一个月和一年中发生变化。"他还强调，人们不希望一直看到相同的事物："我们可能会将某人归类为对运动感兴趣，但这并不意味着他们只想接收和运动相关的信息。"如果用户察觉到算法将他们归类为某种类型，他们会感到愤怒。

广告公式告诉我们，一定数量的偏见是大数据的必然结果。因此，不要因为自己成为相关系数矩阵的一部分而感到沮丧，它真实地呈现了你的身份。你可以在你朋友的兴趣之间寻找关联并建立相关性矩阵。拥有真实的相关性（而不是建立在种族或性别刻板印象之上）就能使找到共同点变得更加容易。如果规则遇到了例外，请接受这些例外并重新调整模型。在对话中寻找模式，就像妮科尔·尼斯比特在政治讨论中所做的那样，并用它来简化辩论。仔细寻找新观点的集群并给予特别关注，不过，不要混淆相关性和因果关系。当你邀请朋友共进晚餐时，可以对菜单进行A/B测试，不要仅仅因为他们说上次的比萨饼很棒就一直吃比萨饼。在你的世界中建立起一个统计正确的模型。

*

在纽约与亚历克斯·科根交谈之后，我在横穿曼哈顿的地铁上想通了一些关于自己的事情，我觉得自己的政治立场变得模糊了起来。我一直都是左派人士，自从19岁读了杰梅茵·格里尔（Germaine Greer）的著作以来，我就成为一名女权主义者，而且一直都处于这样的"觉醒"状态，或者至少说像一个在20世纪80年代的苏格兰工人阶级小镇长大的白人男孩那样的觉醒状态。左翼人士反对唐纳德·特朗普上任，并指责其通过社交媒体操纵选民才得以当选。在此之后媒体将其描述为左翼世界观的一部分。

但是数学让我认识了一种不同的模型。我不得不接受特朗普的胜利，因为模型告诉我他当选当之无愧。我不同意他的政治观点，但我也不赞成他的选民被形容为愚蠢且易于被操纵的人。他们不是这样的。

人们没有去寻找导致唐纳德·特朗普上台的民族主义情绪上升的真正原因（这一原因还导致了英国脱欧，引发了意大利的五星运动，促使匈牙利的欧尔班·维克多和巴西的雅伊尔·博尔索纳罗上台），反而迫不及待想找到一个类似詹姆斯·邦德电影里的反派，一个玷污了政治领域的邪恶人物。亚历山大·尼克斯和他的剑桥分析公司就是他们的"诺博士"①。这个假想敌只对模型和数据有基本了解，却注定要操纵整个现代民主。

任何秘密社团面临的最大威胁就是被揭发。剑桥分析公司已被揭发，他们带来的威胁也已暴露。这充其量就是一个中等规模的广告公司所能带来的威胁，特朗普在选举中为该公司最多支付了 100 万美元，但是整个选举花费了 24 亿美元。效果往往与投资规模成正比，因此剑桥分析公司带来的影响很小。

数据告诉我们，这一詹姆斯·邦德式的阴谋论缺乏判断力，它不太可能是真的。但是拜十会仍然能继续运作，没有引起丝毫注意。它的成员经营着银行、金融机构和赌场，他们创造出我们使用的技术并控制着我们的社交媒体。在上述每项活动中，他们都会抽取小部分佣金，每 1 美元大概能抽取 2~3 美分。线上交易中，1 美元大概抽取 1 美分；当它们结合互联网搜索结果提供广告时，佣金甚至会更少。随着时间的流逝，这些小的抽成不断累积，拜十会成员的利润逐渐扩大。在生活的各个方面，数学家都战胜了不懂这些公式的人。

坐在回家的地铁上，我想到了那些一直央求我告诉他们足球投注技巧的人，以及那些线上博彩公司，它们给寂寞的男性提供与女性聊天的机会，同时拿走他们的储蓄。我想到了照片墙软件的棱镜，通过它，我们看到了一种围绕消费主义和明星的生活方式。我想到了针对社会最贫困阶层的高息手机贷款的广告。

---

① 诺博士（Dr. No）是以詹姆斯·邦德为主角的 007 系列电影中的反派角色。——编者注

那些试图通过假新闻和剑桥分析公司盗取的脸书账户数据来解释美国总统大选和英国脱欧结果的人，忽略了我们社会中潜在的紧张关系，贫富差距就是其中之一。很多像我这样的人——数学家和学者——在加速社会走向不公平的过程中也起到了推动作用。拜十会的成员正在从穷人手中夺取优势，使自己变得富裕。讽刺的是，关于光明会的阴谋论或许是真的，不过它是以拜十会的形式存在。它藏匿得如此之深，即便是同谋者也不知道它的存在。

# 第 8 章

## 奖励公式

$$Q_{t+1} = (1 - \alpha)\, Q_t + \alpha R_t$$

我在职业生涯的最初 15 年一直在研究动物如何寻找并收集奖励。这不是我从小的理想，只是一个意外。

有一次，我的两位生物学家朋友，埃蒙和斯蒂芬问我是否想去英格兰南部沿海的狭长半岛波特兰比尔一日游，他们想去那儿收集更多的蚂蚁。埃蒙小心地撬开了一条细长的岩石缝隙，他认为这些缝隙里可能藏了些蚂蚁。他似乎每次都能猜对，在选择的石头下面总能找到蚂蚁。他迅速地用临时组装的简易真空吸尘器将它们吸进试管中，然后带回实验室。

在花费了一些时间之后，我最终也找到了一些蚂蚁，虽然比我的同事们差远了。用橙色的塑料管吸出蚁群让人很有成就感。我们花了 5 年时间研究这些蚂蚁是如何选择新的巢穴的，我负责设计模型，他们负责收集数据。

我与当时谢菲尔德大学的生物学博士后玛德琳一起在约克郡

的荒野里散步，蜜蜂会飞到离蜂巢远至8英里（约13千米）的地方，到茂盛的石南花上采集花粉。在那里，我们的头脑得以从沉重的办公室氛围中逃离，我试图把我的公式与玛德琳描述的蜜蜂和蚂蚁交流食物位置的方式联系起来。我们在一起工作了10多年，研究了不同种类的群居昆虫如何决定去搬运哪一处的食物。

也有许多讨论是在不那么迷人的地方进行的。多拉当时是牛津大学的一名博士生，也是我搬到那里时结交的第一个朋友，当我们坐在土耳其烤肉售卖车旁冰冷的台阶上时，她向我讲述了她对鸽子的研究。几天后，我们在杰里科咖啡厅浏览了她的鸽子的GPS（全球定位系统）轨迹。一年后，我们完成了一篇文章的最后润色，这篇文章研究了成对的鸟在飞回家的路上如何就路线相互妥协，达成一致意见。

阿什利为棘鱼精心设计了Y形迷宫。我和伊恩在酒吧里见过他，我们一起讨论了如何对他们在鱼群中得到的结论建模，我们还一起观察了鱼群如何躲避捕食者、如何互相跟随寻找食物。

然后我离开了英格兰，去更远的地方继续旅行。在澳大利亚与奥黛丽研究大头蚁，在阿根廷与克里斯和塔妮娅研究阿根廷蚂蚁，在古巴与埃内斯托研究切叶蚁，在法国南部与迈克尔研究麻雀，在撒哈拉沙漠与杰罗姆和伊恩研究蝗虫，在日本与中垣俊之（以及奥黛丽和塔尼娅）研究黏菌，在悉尼与泰迪研究蝉。

我那时的同事现在都已成为世界各地不同大学的教授，但成为教授不是我们的唯一目标。我们曾经彼此交流、互相学习并共同解决问题，现在仍然这样做。通过回答问题，我们能够获得一些小奖励，然后慢慢地，我们对自然界有了更好的理解。经历了那15年对动物的研究，我几乎了解了每种动物在集体决策时的决策方式。当时我尚未完全弄清楚这背后的机理，但是现在回头看，我意识到当时我完成的几乎所有工作背后都遵循着一个公式。

*

动物生存仅需两个条件：食物和住所。为了繁衍还需要配偶。

在这三个生命要素的背后，动物还需要获得更基本的东西：信息。动物从自己的经历和其他动物的经历中收集有关食物、住所和配偶的信息。然后，他们使用这些信息来生存繁衍。

我最喜欢的例子之一是蚂蚁。许多蚂蚁种群会留下信息素，这是一种化学标记，可用来标记它们同一个巢穴的伙伴曾经去过的地方。它们发现地上有含糖食物时，便会释放信息素，其他蚂蚁可以探测到这种信息素并追踪到食物附近。这引发了一种反馈机制，更多的蚂蚁选择留下信息素并能更快地找到食物。

人类的生存也需要食物和住所，并需要伴侣来繁衍。在人类的进化史中，我们花费了大量时间来寻找可以使我们获得这三个要素的信息。在现代社会中，这种搜索已经改头换面。对于全球相当一部分人口来说，对生活必需品的寻找已经结束，但对食物、住所和伴侣相关信息的寻找仍在扩张，现在以观看烹饪节目和恋爱节目、讨论名人八卦、查看房屋出售信息和房地产价格的形式出现。我们会在社交平台发布很多关于伴侣、晚餐、孩子和房屋的照片。我们会向他人展示自己去了哪里、做了什么。像蚂蚁一样，我们会尽一切可能分享我们的发现，并参考别人的建议。

我每天进行信息搜索的频率有些夸张。我会查看推特的通知，打开邮箱查看新邮件，阅读政治新闻，浏览体育新闻。我还会登录在线发布平台Medium去看是否有人给我的文章点了赞，同时查看是否有有趣的评论。

解释我这些行为的数学方法我们在第3章介绍老虎机的时候也提过。打开手机上的每个应用程序就像拉下老虎机手柄，并查看是否获得了奖励。我拉下推特的手柄：7条转发！我拉下电子邮件手柄：一条邀请我演讲的消息。没错，我很受欢迎。我拉下新闻和体育新闻的手柄：英国脱欧秘闻解说或足球转会传闻。我登录Medium，但是没有人喜欢我发布的内容。看来，那个手柄不好用。

现在，我会将应用程序老虎机变成一个公式。想象一下我每小时打开一次推特，这个频率可能偏低，但是我们需要从一个简单的假设开始构建模型。

我用$R_t$表示时刻$t$获得的奖励。为简单起见，如果有人转发了我的帖子，则$R_t = 1$，如果没人转发，则$R_t = 0$。我们可以认为工作日的奖励从9点开始到17点结束，用1和0的序列来表示。它们可能看上去像这样：

$$R_9 = 0, R_{10} = 1, R_{11} = 1, R_{12} = 0, R_{13} = 0, R_{14} = 1, R_{15} = 0, R_{16} = 1, R_{17} = 1$$

这些奖励模拟了真实世界中转载推文这一动作。

现在我们需要考虑我的内部状态。通过打开这个应用程序，

我会提高对我推文质量的估计，有转发或点赞才能向我传达自我肯定。此处我们就可以使用奖励公式

$$Q_{t+1} = (1 - \alpha) Q_t + \alpha R_t \qquad （公式8）$$

除了时间$t$和奖励$R_t$，这个公式还有两个符号：$Q_t$代表我对收到奖励的估计值，$\alpha$决定了在没有奖励的情况下，我会以多快的速度丧失自信。这些符号需要做进一步解释，下面我就来逐一解释。

如果我记$Q_{t+1} = Q_t + 1$，这意味着我把$Q_t$每次增加1，这有点儿像是计算机编程语言中的"for循环"，在每次循环中我们把$Q_t$增加1。奖励公式的做法是相同的，但是我们所做的不是每次增加1，而是将两个不同部分加起来。第一部分$(1 - \alpha) Q_t$降低了我们对奖励质量的估计。例如，如果我们令$\alpha = 0.1$，那么相比于前一步，我们的估计在每一步都会以$1 - 0.1 = 0.9$的比例下降。我们可以用这个公式来描述诸如汽车的价值如何随时间贬值，或者我们接下来将要提到的信息素和其他化学物质如何随着时间挥发这样的关系。第二部分$\alpha R_t$用于增加我们对奖励价值的估计。如果奖励为1，那么我们会将$\alpha$加到$Q_{t+1}$中去。

把这两部分放在一起，我们就能看到这个公式作为一个整体是如何工作的了。假设我从早上9点开始工作，并且预估$Q_9 = 1$。我完全相信推特可以给我一个奖励性的转推。我打开推特，却失望地发现$R_9 = 0$。没有人转我的推文，我没有得到任何奖励。我使用公式8来更新我的推文质量估计：$Q_{10} = 0.9 \cdot 1 + 0.1 \cdot 0 = 0.9$。我在上午10点打开推特的时候没之前那么有信心了，但这一次，我

得到了我想要的东西，$R_{10} = 1$，有人转我的推文了。但是我对于自己推文质量的估计还没有完全恢复，只是恢复了那么一点儿：$Q_{11} = 0.9 \cdot 0.9 + 0.1 \cdot 1 = 0.91$。

1951 年，数学家赫伯特·罗宾斯（Herbert Robbins）和萨顿·门罗（Sutton Monro）证明公式 8 总是能给出对奖励平均值的正确估计。[1] 为了理解他们的结果，假设我在某个特定时间获得奖励（以转推为标志）的概率用符号 $\overline{R}$ 表示，假设 $\overline{R} = 0.6$，也就是 60%。在每小时查看推特之前，我不知道 $\overline{R}$ 是多少。我的目的是根据打开推特时获得的奖励序列估算 $\overline{R}$ 的值。考虑一个只包含 1 和 0 的奖励序列，例如 011001011…。如果该序列无限延伸下去，则 1 出现的平均频率将为 60%。

公式 8 很快开始反映出所提供的奖励：$R_{11} = 1$，因此 $Q_{12} = 0.919$；$R_{12} = 0$，因此 $Q_{13} = 0.827$，如此下去直到最后时刻，$Q_{17} = 0.724$。[2] 每次观测都能让我们得到对 $\overline{R}$ 的更精确的估计。为此，$Q_t$ 通常被称为追踪变量：它追踪了 $\overline{R}$ 的值。图 8–1 描述了该过程。

罗宾斯和门罗证明，为了可靠地估计 $\overline{R}$ 的值，我们无须记下 1 和 0 的整个序列。为了更新估算值 $Q_{t+1}$，我们只需要知道当前的估算值 $Q_t$ 和序列中的下一个奖励 $R_t$。只要到目前为止我已正确地计算了所有内容，我就可以忘记过去，而只保留追踪变量。

这里需要给出一些说明。罗宾斯和门罗证明了，随着时间的流逝，我们需要非常缓慢地减小 $\alpha$，$\alpha$ 是控制我们遗忘速度的参数。刚开始的时候我们不确定，因此应通过将 $\alpha$ 设置为接近 1 的值来关注最新的值。然后，随着时间的流逝，我们应减小 $\alpha$，使其越来越

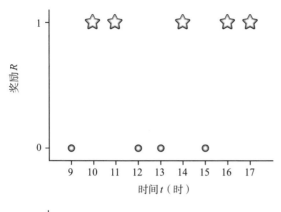

得到一次奖励，奖励值就记为1，否则记为0

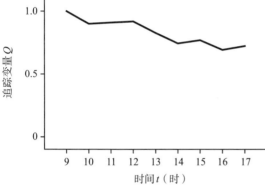

在没有得到奖励的时候，追踪变量（$Q$）会衰减；在得到奖励的时候，追踪变量（$Q$）会增加

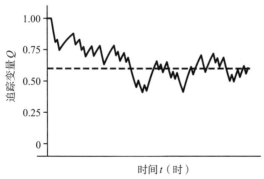

过了足够长的时间以后（在图中是100次），奖励（实线）会收敛到平均奖励（虚线）附近

图 8–1　追踪变量如何追踪奖励

接近 0。正是这一缓慢的变化，可以确保我们的估计能够收敛到真实的奖励。

*

想象你正躺在沙发上，通过放纵地看电视来奖励自己。你点开了网飞的剧集。第一集一如既往地出色，第二集还可以，第三集比第二集好点儿。现在的问题在于，你应该坚持看多久再决定弃剧？你的大脑可能并不在乎，但你确实在乎，你想在晚间休息时看些优秀的作品。

解决方案是应用奖励公式，对于电视剧而言，我们将信心下降速率定为 $\alpha = 0.5$ 比较合适。这是非常快的遗忘速度，但是电视剧是针对当下的娱乐，一场优秀的表演必须充满新的想法。

你只需如下操作就可以了。在满分为 10 分的条件下，给第一集打分，比如你打了 9 分，也就是 $Q_1 = 9$。如果你打算一口气看完，那么就将 9 记在脑海里，然后开始看下一集。现在给新一集打分，假设为 6 分。现在取 $Q_2 = 9/2 + 6/2 = 7.5$。我们将结果取整，因此新的总体评价为 8 分。现在继续下一集，这次我们给它打 7 分。于是追踪变量的值为 $8/2 + 7/2 = 7.5$，取整得到 8。

继续算下去，这个方法的优势在于你不需要记住你有多喜欢之前的剧集，你只需要记住关于最新一集的一个数值 $Q_t$ 即可。存储一个追踪变量 $Q_t$ 不仅可以衡量你有多喜欢一部电视剧，还能衡量你有多喜欢出席不同类型的社交场合、阅读不同作者的书或参加瑜伽课。对于每种消遣，我们只需要一个数字就能使你理解不同活动能带来的整体回报，而无须回顾在夜间小酌的时候还要和无趣的数学家聊天，或者在做瑜伽时拉伤坐骨神经的记忆。

你应该在什么时候放弃一部剧？要回答这个问题，你需要设置自己的阈值。我通常将其设为 7，如果电视剧跌到 7 分或以下，我就不往下看了。这是一条非常残酷的规则，因为这意味着如果我到某一集为止的评分为 8 分，对新一集评分为 6 分的时候，那么我得到的追踪变量为 8/2 + 6/2 = 7，此时我就需要停下来了。但我认为这是公平的，一部好剧应该一直维持在 8 分、9 分和 10 分。如果它达到过高分，那么它即便得了一次 6 分甚至 5 分，我也会选择继续看下去。例如，如果当前的 $Q_t$ = 10，而刚刚结束的一集只能打 5 分，那么新的追踪变量为 10/2 + 5/2 = 7.5，四舍五入为 8 分，我会继续看下去。不过，下一集需要达到较高的水准。根据这个准则，我看了三季半的《金装律师》、两季的《大小谎言》、一季半的《使女的故事》和两集的《你》。

*

大多数计算机游戏仅使用一个数字（分数或等级）来追踪你的表现。分数类似于奖励公式中的 $Q_t$，它监控着你收集到的奖励。你可以选择下一步该做什么——如何选择《马里奥赛车》中的行驶路线，如何在《堡垒之夜》中追踪并杀死对手，选择《2048》中的移动方向，在《宝可梦GO》中突袭哪个道馆——你的得分根据你所做决策的质量进行更新。

你的大脑所做的事非常类似。多巴胺通路通常被称为大脑的奖励系统，有时我们会听到别人说他们收到了多巴胺的"奖励"。但是，这类关于奖励的形象不够准确。20多年前，德国神经科学家沃尔弗拉姆·舒尔茨（Wolfram Schultz）总结了有关多巴胺的实验证据，并得出结论："多巴胺神经元会被优于预期的奖励事件激活，而不受和预期一样好的事件的影响，在低于预期的事件中则会被抑制。"[3]因此，多巴胺不是奖励 $R_t$，它是追踪信号 $Q_t$。[4]大脑通过多巴胺来估算奖励的跟踪信号：它为你提供了游戏中的得分。

游戏可以满足我们的许多基本心理需求，例如展现出我们解决问题的能力以及团队协作的能力。[5]我们对游戏欲罢不能的原因之一可能是游戏可以衡量任务完成的情况。现实生活是一团乱麻，当我们在工作和家庭中做出决策时，结果可能会很复杂，并且难以判断奖励。但是在游戏中，一切都很简单：如果做得好，我们将获得奖励；如果做得不好，我们就一败涂地。游戏消除了不确定性，并允许我们的多巴胺系统继续做它们喜欢的事情：追踪奖励。分数（在我们玩游戏时表现为单个追踪变量）的简单性反映了生物奖励系统的工作原理。

电脑游戏产业很好地利用了奖励公式。一项研究让英国专业人士每天下班后要么玩一款类似于俄罗斯方块的益智游戏《六角迷宫》，要么使用一款正念应用程序《冥想空间》，研究人员发现玩《六角迷宫》的玩家能从工作带来的压力中恢复得更好。这项实验的设计者、来自巴斯大学的博士后研究员埃米莉·柯林斯（Emily

Collins）说道："正念可能会让你精神放松，但是电子游戏可以使人摆脱心理困扰，你能得到一些内部奖励和一种真实的控制感。"[6]

游戏公司 Niantic 利用了我们收集奖励的愿望创造出一款让我们兴奋不已的游戏。他们最出名的游戏是《宝可梦 GO》，它让我们走进现实世界，使用手机来收集名为"宝可梦"的小生物。该游戏鼓励玩家进行户外探索，这样既可以找到宝可梦，也可以孵出宝可梦蛋，并且需要玩家之间的合作。如果你看到一群人站在当地的教堂或图书馆外面，疯狂地拍打手机，他们很可能是宝可梦猎人，正聚集在一起要拿下一个宝可梦道馆。

我现在将讲述一些私人的事情，关于我的妻子，洛维萨·桑普特。她是一位非常成功的女性，是斯德哥尔摩大学数学教育专业的副教授，她的学生未来会去中学任教；她组织过大型国际会议，并做过演讲；她同时是硕士生导师和博士生导师，还撰写过影响教育政策的报告，向老师做了鼓舞人心的演讲；她还是一位持证的瑜伽教练。关于我妻子的不可思议之处，我可以写一大本书，其中很大一部分关乎她一直以来对我的忍耐并重塑了我们的家庭生活。

但这些还不是最私人的部分，每个认识洛维萨的人都知道她能带来多大的惊喜，这几乎不是秘密——她的优秀是已被诸多经验证明的事实。我说的私人部分是指，洛维萨自 2004 年以来就一直在忍受慢性疼痛，但同时还完成了这么多事。2018 年，她被诊断出患有纤维肌痛，这种疾病的特征是全身长期疼痛，这主要是神经系统的问题。洛维萨的身体不断向她的大脑发送疼痛信号，接着她的疼痛追踪系统会发送警告而不是奖励。每一次小的疼痛或绞痛都会被放大，这让她难以入睡、难以集中注意力、容易对周围的人发脾气。这种病目前没有有效的治疗手段。出于这个原因，《宝可梦GO》成了洛维萨生活的重要组成部分：它提供了一个让她能通过找到奖励而感到心理满足的地方，这是她的身体所不能提供的。

这个游戏使洛维萨在疼痛中也能专注于其他事情，并且还可以确保她每天走很多路。洛维萨通过游戏找到了许多新朋友，她与他们一起"攻占道馆"和"突袭"。这些突袭者中有许多人的工作压力很大，例如医院的护士和医生，还有教师、计算机专家、学生和其他年轻人，小组里成了至少一对情侣。这个小组里还包括很多可能在其他社交场合会遭到排斥的人：沉迷于游戏机的失业年轻人，直到《宝可梦GO》将他们重新带回现实世界。

每个《宝可梦GO》玩家都有自己的故事，讲述了这个游戏是如何帮助他们的。小组中一位退休的祖母玩游戏是为了与她的孙辈们一起做一些他们可能喜欢的事情，之后就一发不可收拾了。她把这个游戏类比为参加合唱团，她的不少同龄人都参加合唱团的活动。"你要进行突袭，尽自己的一份力量。好处是你可以与其他人交流，也可以安静地站在那里。"

洛维萨的一个游戏伙伴患了癌症。这个游戏让他有机会暂时从现实中抽身出来并短暂思考其他事。还有几个处于长期抑郁状态的人，他们十分乐于帮助新手入门。洛维萨的游戏好友塞西莉亚患有阿斯伯格综合征和注意缺陷多动障碍，她的症状是总想囤积诸如收据和杂志之类的东西。"现在我会收集并整理宝可梦，这样就不会囤积别的了，同时还能锻炼身体！"她这样告诉洛维萨。塞西莉亚的坦率和幽默也帮助洛维萨更好地处理自己的情绪。

《宝可梦GO》为洛维萨以及其他许多人的生活带来了稳定性。奖励出现的时间不可预测，但仍然会源源不断地流入。洛维萨告诉我："这并不是治愈，这是在控制症状，是一种生存机制。"

洛维萨和她的朋友们只是遍布地球的众多宝可梦好友中的一员，他们的生活因为到处走动和收集奖励而得到了改善。Niantic公司负责公民和社会影响的高级经理叶尼·索尔海姆·富勒（Yennie Solheim Fuller）告诉我，她遇到了一位在海外服役后患上创伤后应激障碍（PTSD）的人，"为了推进游戏进程，他不得不离开屋子，这让他能专注于PTSD以外的事物"。"另一个大的群体是孤独症群体，"叶尼继续说，"在宝可梦好友聚餐中，我们遇到了很多父母，他们的孩子对环境噪声和混乱非常敏感，因此无法在室外活动。现在他们站在艺术学校门口，进行突袭并与其他人交谈。"

叶尼还收到了来自癌症患者的消息，感谢Niantic公司开发的这款游戏让他们度过了艰难的时期。她从一个刚接触《宝可梦GO》的糖尿病患者的儿子那里收到了一封信。"他已经达到40级了，"他的儿子写道，"是最高等级了，并且成为老年玩家心中最有同情心的人之一。糖尿病不再威胁他的健康，因此他不必接受注射治疗了。"

这只是让叶尼和她的同事们流泪的众多故事之一，当她向我讲述这些故事时，我也不禁落泪。洛维萨在 2018 年夏季达到了 40级，对于外界来说，这似乎并不是她最令人印象深刻的成就之一，但对我而言，这是她使用奖励来帮助自己减轻痛苦的证据。

*

赫伯特·罗宾斯和萨顿·门罗得出的结论是 20 世纪五六十年代信号检测这个数学分支的起点，他们证明了追踪变量 $Q_t$ 可以用于评估环境的变化，奖励（不论好坏）可以得到监控。1960 年，鲁道夫·E. 卡尔曼（Rudolf E. Kálmán）发表了一篇开创性的论文，阐述了如何滤除奖励中的噪声，从而揭示真实的信号。[7] 他的技术被用来估计物体移动的速度和位置以及转子的电阻 [8]，这是自动传感器发展史上的关键一步。

信号检测理论随即与数学控制理论这一新兴领域相结合。伊姆加德·弗吕格–洛茨（Irmgard Flügge-Lotz）此前已发展出砰–砰自动控制的理论，该理论提供了一种自动方式来对温度或空气湍流的变化做出开关响应。[9] 她的工作以及其他控制理论学者的工作，使工程师可以设计自动化系统来监测环境变化，并做出响应。这一理论的最初应用是调节冰箱和室内温度的恒温器。相同的公式还成为飞机巡航控制的基础，它们还被用来校准高倍望远镜中的反射镜，帮助我们深入探索宇宙。当阿波罗 11 号登月舱接近月球时，正是这种数学方法控制了推进器，完成了初始阶段的制动。如今，特斯拉和宝马汽车生产线的机器人都在使用这种技术。

控制理论试图为世间万物提供稳定的解决方案。工程师写下公式，并要求世界遵守他们的规则。对于许多应用来说这很适用，但是世界并非那么稳定，其中总是充满了振荡和随机事件。

20 世纪 60 年代末，新的反主流文化开始挑战既定秩序，因此拜十会也经历了一场革命。他们的研究重心从稳定的线性工程转向不稳定、混沌的非线性工程。正是这种非线性数学在 20 世纪 90 年代末深深地影响了当时还是一名年轻博士生的我，我开始着手学习这一切：带有动植物名的数学理论，例如混沌的蝴蝶、沙堆雪崩模型、临界森林火灾、鞍结分岔、自组织、幂律、临界点……每个新模型都可以帮助我们解释在生活中看到的复杂现象。

一个关键的洞察是，稳态并非总是我们想要的。新的数学模型揭示出生态系统和社会的变化——它们并不总是再次回到相同的稳定状态，可能会在状态之间迁移。这些模型描述了蚂蚁如何形成通往食物的路径、神经元如何同步激活、鱼怎样在鱼群中游动，以及生态物种之间如何相互作用。他们描述了人类如何做出决策，这一点既涉及我们大脑的内部过程，也涉及我们如何进行集体协商决策。凭借这些洞察，拜十会成员得以在生物学、化学和生理学部门任职。

这也是我与负责收集数据的生物学家合作时所使用的数学方法。

*

我可以在手机上打开并更新各种各样的应用程序，不仅仅是推特。同样，蚂蚁和蜜蜂的食物来源不止一种，它们有很多其他食物可供选择。老虎机上有很多手柄，我们没有时间将它们一一拉出，所以关键问题在于要拉哪个手柄。我们知道，只要拉一下手柄，我们就可以清楚地了解这台老虎机能得到哪些奖励。但是，如果我们把所有的时间都花费在同一台机器上，我们就永远不知道其他机器能为我们提供什么。这就是所谓的探索/利用困境。我们应该花多少时间去利用我们所知道的东西，花多少时间去探索不太熟悉的选项？

蚂蚁使用化学信息素解决了这个问题。请记住，信息素的总量反映了蚂蚁对食物来源的质量估计 $Q_t$。现在想象一下，蚂蚁有两种食物来源，每种食物来源有不同的信息素轨迹。为了做出选择，每只蚂蚁都会比较两条路径上信息素的总量。路径上的信息素越多，蚂蚁选择该路径的可能性就越大。

每一只蚂蚁的选择都会导致增强过程：越来越多的蚂蚁因为走某一条路线而获得奖励，这导致同一巢穴的伙伴更可能跟随它们。被选择得多的路径得到了增强，其他路径则被遗忘。我们可以根据公式 8 来理解这一结果，但需要附加一个额外因素，其中包括蚂蚁的选择。[10] 下面是一个示例：

$$Q_{t+1} = (1 - \alpha) Q_t + \alpha \left( \frac{(Q_t + \beta)^2}{(Q_t + \beta)^2 + (Q'_t + \beta)^2} \right) R_t$$

新加入的项表明了蚂蚁是如何在两条路径之间选择的。$Q_t$ 可以被认为是通往一种食物来源的信息素的量，而 $Q'_t$ 是通往另一种食物来源的信息素的量。我们现在有两个追踪变量 $Q_t$ 和 $Q_t'$，分别代表两种食物来源。如果我们是在模拟社交媒体的应用，每个变量则可以代表手机里的一个应用程序。[11]

当面对带有许多参数的复杂新公式时，诀窍始终是首先考虑一个更简单的版本。让我们看一下不带平方的新项，也就是

$$\frac{Q_t + \beta}{Q_t + \beta + Q_t' + \beta}$$

如果 $\beta = 0$，那这一项就是两个追踪变量的简单比值，蚂蚁利用特定奖励的概率与该奖励的追踪变量成正比。现在考虑如果 $\beta = 100$ 会发生什么。由于 $Q_t$ 的值总是在 0 到 1 之间，与 100 相比非常小，因此上述比率大约等于 100/（100 + 100）= 1/2。蚂蚁利用特定奖励的可能性是随机的，概率是 50%。

探索与利用之间的平衡问题变成了如何强化已有轨迹以取得最佳效果的问题，也就是确定正确的 $\beta$ 值的问题。如果增强过强（$\beta$ 非常小）——永远沿着最强的路径走——就意味着蚂蚁总是沿着具有最大信息素浓度的路径探索。很快，所有蚂蚁都不会去寻找其他食物来源，即便这么做会提升蚂蚁种群的效益，也不会有蚂蚁知道了。结果，蚂蚁被锁定在当时看起来是最好的选择中，即使这一食物来源从后续的角度看不再是最好的。增强太弱（$\beta$ 非常大）则会导致相反的问题：蚂蚁随机漫步在两条路径上，不能通过已有知识判断出哪条更好。

探索/利用问题有一个意外的答案。事实证明，解决最佳强化

问题与另一个通常出现在完全不同的背景中的概念有关：临界点。

让我简单解释一下，临界点发生在系统质量达到临界值时，此时系统会从一种状态转变为另一种状态，例如，一种潮流在有影响力的人强推一个品牌后突然流行起来，或者一场暴乱从一小群鼓动者中间开始爆发。[12] 在以上的例子中，人们信念的增强都会导致系统状态的突然改变。在蚂蚁身上可以看到类似的增强效应，我们可以认为信息素路径的形成是在系统到达临界点时发生的：路径的形成归因于一小群蚂蚁决定走相同的路径。

这样一来，我们就会得出下面这个令人惊讶的结论：探索与利用之间的最佳平衡是使蚂蚁尽可能地接近其临界点。如果蚂蚁超出临界点太多，多数蚂蚁将探索同一种食物来源，它们会被"锁定"在这种食物上，如果当前食物来源耗尽，它们将无法切换到另一种食物上。另一方面，如果没有足够多的蚂蚁去寻找食物，蚂蚁数目达不到临界点，那么它们就不会专注于最好的食物。蚂蚁必须在探索与利用之间找到最佳的平衡点。

蚂蚁已经进化到总是位于临界点附近。我最喜欢的蚂蚁达到这种平衡的例子之一来自生物学家奥黛丽·迪叙图尔（Audrey Dussutour），这是她在一类被称为大头蚁（由于它们的头非常大）的物种中发现的。这些蚂蚁有很多让人头大的地方：它们在热带和亚热带世界的许多地区攻城略地，压制了其他本土物种。奥黛丽还发现，它们会留下两种信息素：一种蒸发缓慢并产生弱增强，另一种能快速蒸发的信息素则产生强增强。[13]

我和数学家斯塔姆·尼科利斯（Stam Nicolis）开发了一个模

型，该模型有两个奖励公式：一个描述弱但持久的信息素，一个描述强但寿命短的信息素。我们证明了，两种信息素的结合使蚂蚁保持在临界点附近。在我们的模型中，蚂蚁能够追踪两种不同的食物来源，只要食物质量发生变化，就可以换到另一种食物来源上。奥黛丽在实验中证实了我们的预测：每当改变食物来源的质量时，大头蚁就会选择更为优质的食物作为食物来源。

活在临界点附近的不仅仅是蚂蚁。对于许多动物而言，生命就像是一眼望不到头的赌场，到处都是老虎机的手柄。灌木丛中有捕食者吗？我昨天找到食物的地方还能找到食物吗？在哪里可以找到过夜的住所？为了在这些环境中生存，进化把它们拉到了临界点附近。这是我在研究动物行为的 15 年中一次又一次观察到的现象：蝗虫行进的密度使得它们能够快速切换方向；在鲨鱼袭击的时候，鱼群会突然散开；椋鸟群会一齐转身避开鹰的突袭。通过一起移动，成群的被捕食者能迷惑捕食者。

动物已经进化到靠近临界点的状态。它们形成了一种集体意识——从一套方案自由切换到另一套方案，对变化高度敏感。对于它们来说，这是生死攸关的大事。

但是对于人类呢？我们会停留在临界点附近吗？如果事实如此，那么我们应该如此吗？

\*

2016 年是特里斯坦·哈里斯（Tristan Harris）在社交媒体大放

异彩的一年。在过去的3年中，他一直在谷歌担任设计伦理学家，但此时他已经厌倦了这份工作，于是他离开谷歌去了在线发布平台Medium，并在那里发表了自己的主张，标题为《技术正在劫持你的思想》，这篇文章说明了他们是怎样实现这些的，大约需要12分钟的阅读时间。[14]

哈里斯为社交媒体选择的类比对现在的我们来说应该很熟悉了：老虎机。他声称科技巨头将老虎机放到了数十亿人的口袋中。通知、推文、电子邮件、照片墙的推送和交友软件Tinder的滑动都在让我们拉下老虎机的手柄，静候结果。他们的提醒不停打断我们的日常生活，并会让我们产生错觉，不拉动手柄就会错过很多精彩时刻。他们用来自朋友的社交认可吸引我们，并用点赞和分享作为回报。所有这些操作都在这些科技巨头的计划之内——让你观看广告或关注赞助商的链接。谷歌、苹果和脸书创造了一个巨大的在线老虎机，并且从中获利。我们的口袋老虎机如此令人上瘾的原因是，它使我们处于"探索还是利用"的困境中。而社交媒体也不像普通的老虎机：它有成千上万个手柄，我们需要亲自去拉动才能知道会发生什么。

科学家们早就意识到多重选择会给动物的大脑带来难题。1978年，约翰·克雷布斯（John Krebs）和亚历克斯·卡塞尔尼克（Alex Kacelnik）在牛津郡的大山雀身上进行了一项实验。[15] 他们为这些鸟类提供了两个不同的栖息地。栖息地的设计原则是当山雀跳到任一栖息地时，会有食物随机掉落下来。两个栖息地掉落食物的概率不同，其中一个掉落食物的可能性高一点儿。克雷布斯和卡塞尔尼克发现，当一个栖息地掉落食物的概率明显高于另一个时，这些鸟类便很快就集中待在该栖息地上。但是当两个栖息地掉落食物的概率非常相近时，它们就遇到了困难。它们会在两个栖息地之间来回移动，以测试出哪个更好。用我的术语来说，这些鸟接近它们的临界点了。

数学家彼得·泰勒（Peter Taylor）证明，奖励公式与该结果完全吻合。在奖励之间做抉择的难度越大，需要进行的探索就越多。我们的行为与大山雀相近，但是我们的选择更多，我们一个接一个地打开手机里的应用程序。但是，问题不在于这些奖励是否可以得到，而是我们的大脑对于探索和利用的渴望。我们想确认自己知道如何找到每个潜在的奖励，我们正被推向临界点边缘。

在只利用一种奖励来源和探索多种奖励来源之间存在巨大差异。在你读书、玩《马里奥赛车》或《宝可梦GO》的时候，在你沉迷于《权力的游戏》的时候，在你与朋友打网球或去健身房的时候，你只关注一种奖励来源，但能享受到重复的项目带来的愉悦感。

你的奖励公式收敛到稳定状态，这是20世纪50年代诞生的奖励公式，罗宾斯和门罗证明了该公式的收敛是稳定的。你知道从这些活动中可以期待什么，你的信心会慢慢与它提供的回报相匹配。正是这种熟悉的稳定性为你带来了乐趣。

但是在你使用社交媒体的时候，你正在探索和利用许多不同的奖励来源。实际上，你根本没有真正获得回报：你所做的是在监视不确定的环境。请记住，多巴胺不是一种奖励，因此你不会收获愉悦。此时的你处于生存模式，正在收集尽可能多的信息。真正的问题未必在于奖励的无限性，而在于你需要监控所有不同的潜在奖励来源，这使你的生活变得艰难。你让大脑处于一个临界点——混乱的边缘，相变之中。难怪生活这么累！

不仅你的大脑处于临界点，我们整个社会都是这样。我们像蚂蚁一般来回奔波，试图追踪所有信息源。这些信息源不断移动，有时又消失不见。面对这种情况的你该怎么办呢？

特里斯坦·哈里斯等人创立了一个名为人性化技术中心的组织，就如何控制思维并使其远离临界点提出了一些建议。你首先应该关闭手机上的所有通知，以免受到持续的打扰。你应该更改屏幕设置，让你的手机图标没那么显眼，没那么吸引你。

多数时候我同意哈里斯的建议，这是常识。但是，从蚂蚁使用奖励公式的方式中我们可以得到一些不那么明显但是可能更有用的洞察。

首先，你应该认识到将自己的思想和整个社会放置于临界点上有着多么不可思议的力量。生态学上最成功的物种蚂蚁恰恰是最能有效利用信息素的物种，这并非巧合，这同样适用于人类向临界点的过渡。尽管处于临界点附近可能会给你个人带来压力，但处于临界点附近的社会却能够更快地产生、传播新想法。想想"我也是"和"黑人的命也是命"运动中产生的大量新思想，这些运动确实使人们意识到了一些问题，并且能产生变革的力量。或者，如果你有不同的政治倾向，看一看特朗普的当选或"让美国再次伟大"运动，从硬币的正反面考虑这些思想是如何产生的，以及要如何回应这些思想。

如今的我们更热衷于参与政治讨论。一旦涉及政治话题，不管网络还是现实中的年轻人都会更活跃。[16]我们就像一群椋鸟在黄昏的天空中盘旋；我们像一片鱼群，随着掠食者的到来开始转向；又或者像一群正要搬家的蜜蜂；还可能是一群在森林中觅食的蚂蚁。我们是一群在网上冲浪的人。

将自己置于临界点，充分感受一下那种自由。多看一些新闻评论，获取多方的信息，接受新想法并跟随自己的兴趣。在撰写本书的过程中，我在谷歌学术搜索上"浪费"了大量时间浏览科学文章，我希望搞清楚它们之间的引用关系，并确定哪些是重要的科学问题。在网上跟人聊聊天，如有必要，也可以讨论一番。你可以给那些为《奎利特》写文章的愚蠢老教授发邮件讨论。融入网上的信息流，成为它的一部分。如果你已经在临界点附近待了一个多小时，我可以告诉你我从观察蚂蚁觅食中获得的第二个洞见。

我之前的描述可能让你们觉得蚂蚁是老虎机积极分子。当它们努力工作的时候，这话不假，但实际上可能有很多蚂蚁很懒。多数时候，大多数蚂蚁没在做任何事。[17]当少数蚂蚁来回奔波、评估路线、收集食物时，大多数同伴都在休息。这种不活跃状态与轮班工作有关，并非所有蚂蚁都在同一时刻进入工作状态。但是蚁群中也有很多蚂蚁，它们几乎什么也不做，几乎从不出门，也不寻找食物。没有人确切知道为什么进化机制会允许如此懒惰的蚂蚁存在，但如果我们钦佩少数蚂蚁的巨大活动量，那么我们也应该赞赏多数蚂蚁对生活的悠闲态度。

当你处于临界点一段时间后，可以试试像慵懒的蚂蚁那样生活。自动播放《权力的游戏》，一遍又一遍地看《老友记》，花整整一周或一个月的时间收集所有宝可梦。当然，我也可以在这个清单里加上所有积极的活动，例如散步、坐在门廊里和钓鱼。但是最主要的是，你应该学会放空自己，远离手机。不要去关注新闻，忽略无休止的抄送邮件。不用担心，会有人处理好它的，不必事必躬亲。

奖励公式告诉你，要专注于现在而不是过去。在脑海里记录下追踪变量，如果这个方法起作用的话，就更新追踪变量；如果没起作用，就重新调整你的估值。重要的是搞清楚稳定奖励和不稳定奖励之间的区别，前者是无论你做什么都能得到的稳定奖励（尽管只是断断续续地得到），后者因时而异。在友谊和人际关系、书籍、电影和电视、长时间散步和钓鱼、《2048》小游戏和《宝可梦GO》中都可以找到稳定的奖励。不稳定的奖励通常存在于社交媒体上，存在于在Tinder软件上寻找伴侣时，存在于工作以及我们的家庭生活中（无论我们是否愿意接受）。碰到这些情况时，不要害怕探索和利用，但请记住，只有当你处于临界点时，才能从这些奖励中获取最大收益。因此，在不稳定的奖励引导你踏上不喜欢的路之前，你需要找到重回稳定性的路。

第9章

# 学习公式

$$-\frac{\mathrm{d}(y - y_\theta)^2}{\mathrm{d}\theta}$$

你可能听过这样的说法，未来的技术将由人工智能（AI）主导。已经有科研人员训练计算机下围棋并且和人类对战，同时还有针对自动驾驶汽车的测试。对我来说，这本书的目的之一是向读者解释一些公式，但我是不是遗漏了一些东西？我还应该告诉你谷歌和脸书所使用的人工智能背后的秘密，告诉你我们该如何让电脑学会像人类一样思考。

我打算在这一章告诉你一个秘密，它和电影《她》或《机械姬》所讲述的故事不太一样，也与史蒂芬·霍金对于人工智能的担忧或埃隆·马斯克的鼓吹不太一样，漫威的超级英雄钢铁侠托尼·史塔克对我将要讲述的秘密也不会很满意。当前阶段的人工智能不过是工程师以一种富有想象力的方式把 10 个（甚至更少）公式组装在了一起。但是在解释人工智能的工作原理之前，我先讲一个商业故事。

大概在《江南style》出现的那个年代，优兔网站碰到了一些问题。那是 2012 年，尽管当时有很多人访问优兔观看视频，但我们的注意力似乎并没有停驻在那里。像"查理咬我的手指"、双彩虹、"狐狸说了什么"和冰桶挑战这样的内容只能让我们维持 30 秒的注意，然后我们又去看电视或者干别的去了。为了吸引广告投资，优兔需要让用户愿意花更多时间停留。

优兔的算法是关键所在。我们在第 7 章中看到，它使用一种推荐系统向我们推荐视频。他们在用户观看过和喜欢过的视频之间建立起了相关性矩阵，但是这种方法无法反映年轻人想要看最新视频这一事实，也没有考虑到视频的用户参与度，它只是给用户弹出其他人看过的视频。结果，跳哈林摇摆舞的挪威士兵一次又一次地出现在视频推荐的列表中，这让用户失去了对该网站的兴趣。

优兔网站找到了谷歌工程师。"嘿，谷歌，我们应该如何帮孩子们找到他们喜欢的视频呢？"他们可能问出了这样一句话。被分配到该任务的三名工程师保罗·科温顿（Paul Covington）、杰伊·亚当斯（Jay Adams）和埃姆雷·萨尔金（Emre Sargin）很快意识到，优兔最需要优化的标准是观看时间。如果优兔可以让其用户花更多时间看视频，它就可以定时插入广告获得收入。因此，对于用户来说，短小、新颖的视频没有可以持续提供更长的新鲜视频的订阅博主那么重要。优兔面临的挑战是找到一种识别这类视频的办法，要知道在该网站上每秒都有很多个小时的视频被上传。[1]

工程师的最终解决方案是"漏斗"。这个设备负责收集数以亿计的视频片段，并将它们压缩到网站侧边栏的十几条推荐内容里面。每个用户都有自己的个性化"漏斗"，从这个"漏斗"里可以找到他们最想观看的视频。

漏斗是一个神经网络，是一系列相互连接的神经元，能够学习到我们的观影偏好。神经网络最好的可视化理解方式是，左侧是一栏输入神经元序列，右侧是一栏输出神经元序列。在它们之间有连接神经元的层，被称为隐藏单元（参见图9-1）。神经网络中可能有成千上万的神经元。这些网络并不是在物理意义上相互连接的：它们是模拟神经元相互作用的计算机代码。但是和大脑相似这一点是十分有用的，因为正是神经元之间的连接强度使神经网络能够学习到我们的偏好。

每个神经元编码了在给出输入数据的情况下，神经网络的响应方式，"漏斗"中的神经元捕获了优兔的不同内容和频道之间的关系。例如，观看右翼评论员本·夏皮罗的人也倾向于观看乔丹·彼得森的视频。我之所以了解这一点，是因为在完成了第3章中置信公式的研究之后，优兔一直向我推送夏皮罗的视频。"漏斗"内的某个神经元代表了"天才暗网"这两个著名人物之间的联系。当神经元接收到的某个输入告诉它我对彼得森的视频感兴趣时，它的输出是我可能也对夏皮罗的视频感兴趣。

通过研究网络内部的连接方式，我们可以了解人工神经网络如何"学习"。神经元根据参数对关系进行编码，参数是衡量关系强度的可调值。让我们考虑一下负责计算出用户将花费多长时间观看本·夏皮罗视频的神经元，在这个神经元内部，有一个名为 $\theta$ 的参数，它将某人花在观看夏皮罗视频上的时间与观看乔丹·彼得森视频的时间关联了起来。例如，我们可以预测用户观看夏皮罗视频花费的分钟数（记为 $y_\theta$）等于 $\theta$ 乘以他观看的彼得森视频的数量。因此，如果 $\theta = 0.2$，那么该神经元预测那些看了 10 分钟彼得森视频的人会花 2 分钟观看夏皮罗的视频。如果 $\theta = 2$，那么对于同一个人，神经元预测他会花 $2 \cdot 10 = 20$ 分钟观看夏皮罗的视频，依此类推。学习过程涉及调整参数 $\theta$ 来提高对于观看时间的预测精度。

假设神经元的初始设置为 $\theta = 0.2$。我看了 10 分钟彼得森的视频，最后看了夏皮罗 5 分钟。因此，预测值 $y_\theta$ 与实际值 $y$ 之间的平方误差为 $(y - y_\theta)^2 = (5 - 2)^2 = 3^2 = 9$。

我们之前在第 3 章接触过关于平方误差的定义，那时候我们度量的是标准差。通过计算平方误差，我们可以知道当前神经网络的预测能力有多强。预测值和实际值的偏差为 9，表示这一预测不够好。

为了实现学习的目的，神经网络需要知道在预测的时候哪里出错了。因为参数 $\theta$ 控制了两件事之间连接关系的强弱，增大 $\theta$ 自然也会导致预测时间 $y_\theta$ 的增加。因此如果我们让 $\theta$ 增加一点点 $\mathrm{d}\theta$，那么我们能得到 $y_{\theta+\mathrm{d}\theta} = (\theta + \mathrm{d}\theta) \cdot 10 = (0.2 + 0.1) \cdot 10 = 3$ 分钟，这个假设朝实际值迈进了一步，因为

$$(y - y_{\theta + \mathrm{d}\theta})^2 = (5 - 3)^2 = 2^2 = 4$$

公式 9——学习公式正是利用了这一改善。学习公式如下所示：

$$-\frac{\mathrm{d}(y - y_\theta)^2}{\mathrm{d}\theta} \qquad (公式\ 9)$$

这个表达式告诉了我们 $\theta$ 的一个小的改变量 $\mathrm{d}\theta$ 会对平方误差 $(y - y_\theta)^2$ 造成什么影响，在我们的例子中，

$$-\frac{\mathrm{d}(y - y_\theta)^2}{\mathrm{d}\theta} = -\frac{(y - y_{\theta + \mathrm{d}\theta})^2 - (y - y_\theta)^2}{\mathrm{d}\theta} = -\frac{4 - 9}{0.1} = 50$$

正数 50 意味着增大 $\theta$ 能提高预测的质量，也就是说预测和真实值之间的差距缩小了。

公式 9 中计算出来的量叫作关于 $\theta$ 的导数或者说梯度，它度量了 $\theta$ 的一个小改变量将引导我们远离还是靠近真实值。基于梯度我们可以缓慢地更新参数 $\theta$，这个方法被称为梯度上升法，就像我们沿着上升方向去爬山。借助梯度，我们可以缓慢地提升人工神经网络的精度。

"漏斗"一次不只作用于一个神经元，而是同时作用于所有神经元。所有参数的初始值都被设置为随机值，这个时候的神经网络无法很好地预测人们观看视频的时间长度。然后，工程师开始将优兔用户的观看模式输入漏斗的输入神经元中，少量的输出神经元（位于"漏斗"右侧狭窄尖端）可以衡量网络预测人们观看视频时间长度的准确度。开始的时候预测误差非常大，通过反向

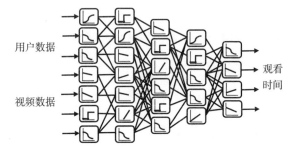

"漏斗"神经网络的一部分。每个神经元都是一个函数，根据输入数据输出一个预测值

用户数据

视频数据

观看时间

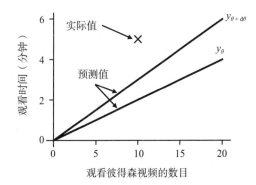

每个神经元都受到调试，目的是做出更好的预测。在这里，让 $\theta$ 增加 $d\theta$ 可以让预测的观看时间更接近实际观看时间

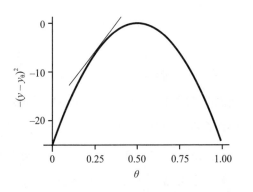

沿着梯度往上爬，直到观测值与预测值之间的距离无法再缩小了，神经元就"学会"了数据间的关系

图 9-1　神经网络的学习方式

传播的方法，神经网络末端预测所产生的误差会通过漏斗的各个层反向传播，每个神经元都可以测量梯度并改善其参数。虽然过程缓慢，但神经元每次都能确定地使梯度上升，并且逐渐改良其预测结果。输入神经网络的用户数据越多，预测就越精确。

在上面的例子中，夏皮罗/彼得森神经网络从一开始就没有对网络内部状态进行编码。确实，神经网络的强大之处在于我们无须告诉它要在数据中查找哪些关系，网络就可以通过梯度上升过程找到这些关系。因为夏皮罗/彼得森之间的关系预测了观看时间，所以最终会有一个或者少量的神经元开始探索这种关系。这些神经元会跟与那些"天才暗网"名人甚至更极端的右翼意识形态相关的其他神经元紧密互动，神经网络最终能以统计学上正确的方式给出可能喜欢乔丹·彼得森视频的那些人的类型。

公式 9 是机器学习技术的基础。使用梯度上升逐渐改善参数的过程可以被视为"学习"：神经网络（"机器"）通过逐步"学习"做出更好的预测。优兔提供了它所拥有的大量数据，神经网络会学习这些数据的内部联系。"学习"完成之后，"漏斗"就可以预测用户观看视频的时间。优兔网站将该技术付诸实践，它将预测用户观看时间最长的视频放进用户推荐的列表中。如果用户未选择新视频，油管会自动播放它认为用户最喜欢的视频。

"漏斗"的成功令人震惊。2015 年，18 到 49 岁的用户观看优兔视频的时间增加了 74%。[2] 截至 2019 年，优兔视频的观看次数是谷歌研究人员开始这一研究项目之初的 20 倍，其中 70% 的观看次数来自推荐视频。[3] 快拍软件的数据科学家道格·科恩对这一解决方案满怀敬佩。他告诉我："谷歌为我们解决了探索和利用的难题。"现在你不必换到其他网站去找你最想看的视频，也不必等到有人给你发送趣味视频的链接，你可以直接坐在电脑前几个小时，等着优兔自动播放下一个视频，或者点击用户推荐列表中的选项。

你以为自己是在优兔上探索自己的兴趣爱好，但当你一直在点击推荐视频时，你就知道事实并非如此。"漏斗"实际上将优兔网站变成了传统意义上的电视，它的播放时间由人工智能决定，我们中有太多人已经被粘在屏幕上了。

*

诺厄想要在照片墙上变得更受欢迎。他很多朋友的粉丝都比他多，每当看到朋友们收到很多来自他人的点赞和评论时，他都很羡慕。他翻看了朋友洛根的账户：洛根有大约 1 000 个粉丝，他发布的每条帖子都能获得数百个赞。诺厄希望像洛根一样受欢迎，他给自己设下了 $y = 1\ 000$ 位粉丝的目标。按照他目前的社交媒体策略，他只有 $y_\theta = 137$ 位粉丝。前路漫漫。

在接下来的一周里，诺厄渐渐开始发布更多的内容。他认为发布的动态越多，就会有越多的人关注他。他给自己的晚餐、新鞋拍照，去学校的路上也在拍照，但他并没有努力提高照片的质量。他只是拍摄他所看到的一切并将其发布在照片墙上。用公式 9 中的术语来说，诺厄正在调整的参数 $\theta$ 是他发布的内容的数量和其质量的比例，他选择增加内容的数量，此时 $d\theta > 0$。

但是网络上的反响并不好。"为什么污染我们的时间线？"他的朋友艾玛在他发布的一张照片下评论道，文字末尾还有一个困惑的表情。诺厄的一些熟人甚至取消关注他了。他的受欢迎程度下降了，$y_{\theta+\mathrm{d}\theta} = 123$，粉丝数减少了 14。这个数字和他的目标之间的距离更大了，他正在沿着梯度下降而不是上升。在接下来的几个月中，诺厄减少了内容的数量，更加专注于质量。他每周拍几次朋友在吃冰激凌或者是他的狗狗的有趣照片。他会仔细编辑图片，并使用受朋友欢迎的滤镜。当他从专注于数量转为专注于质量后，他开始记录 $y_\theta$ 的变化。他的粉丝数在缓慢增加。6 个月后，他的粉丝数增加到 371，但之后稳定了下来，在第 7 个月内他没有获得新的关注者。

现在让我们回到公式 9 所教给我们的事上来，诺厄此时应该放松下来，暂时放缓他达到 1 000 位粉丝的目标。尽管预测误差 $(y - y_\theta)^2 = (1\,000 - 371)^2 = 395\,641$ 仍然很大，但是公式 9 不再变化了：

$$-\frac{\mathrm{d}(y - y_\theta)^2}{\mathrm{d}\theta} = 0$$

这个公式告诉诺厄可以停止他的社交媒体策略，安于现状。没必要将自己再与洛根进行比较了：诺厄已经达到了自己受欢迎程度的峰值。

在应用公式 9 时，我们应该牢记我们的整体目标，但我们的行动主要取决于我们是否在向上移动。老话说得好，你在山顶时，就应该享受风景。这种传统智慧也得到了数学的支持。

以"漏斗"为代表的机器学习算法所进行的优化与诺厄所做之事的区别在于，诺厄试图增加粉丝的数量，而机器学习却试图优化其预测的准确性。对于"漏斗"，$y_0$ 可以预测用户观看视频的时间，$y$ 是用户实际观看视频的时间。优兔希望能够尽可能准确地预测用户的偏好，但是他们意识到自己的预测永远不会完美。当意识到自己无法取得更好的效果时，"漏斗"就会停止优化。

使用学习公式可以让你诚实地评价你的行动对预测值与真实值之间差值的影响。有人可能会指责诺厄积极尝试优化自己在社交媒体上的形象这一行为是肤浅的，我不同意这一看法。我的一位同事克里斯蒂安·伊乔（Kristian Icho）是一名幕后的网红，经营着一家关于街头时尚的社交媒体网站，是他让我认识到诺厄的行为并不肤浅。克里斯蒂安使用谷歌的数据分析工具来研究帖子的质量与数量之比如何影响客户流，但他同时也很清楚这些数据都是关于人的。当一个 17 岁的孩子穿着设计师的 T 恤衫自拍时，克里斯蒂安的脸仿佛发出了光。他会点赞并发表评论："看起来很不错！"而且他真的是这么认为的。从数据中学习认识自己和完全了解自己是谁以及在做什么之间并不存在矛盾。

如果小心使用，学习公式还有助于优化我们自己的生活。无论你想在社交媒体上得到别人的赞赏还是想提高成绩，你总是希望能慢慢地沿着梯度攀升。我们需要为自己设定目标，但不要过于关注自己和目标之间的差距。别去过多关注比你更受欢迎的人或者成绩比你好的同龄人。你应该专注于每天要做的事，关注你每天的进步：获得的友谊或对学习的全新理解。在你发现自己没有进步时，不妨坦然承认，这说明你已经到达山顶了，是时候停下来欣赏一下风景了。但是要注意，沿着梯度的方向前进绝不是万能的，有时你会陷入次优的解决方案，此时你需要重新开始，找到一座新的山峰去攀登或者去更新参数。

*

2019 年，贾维斯·约翰逊（Jarvis Johnson）辞去了软件工程师的工作。他创立的优兔频道正吸引越来越多的订阅者，他在自己的频道上传和程序员生涯相关的视频。他决心看一看自己是否可以成为全职"互联网人"。

要想成为一名优兔博主需要达到两个条件：既要发布内容有趣的视频，也需要对"漏斗"算法推荐有深刻的理解。贾维斯兼具两者，他的视频在结合了这两者的同时还有种自嘲式的幽默感。他研究了一些优兔频道如何利用"漏斗"算法来谋求自身的利益，让所有的推荐视频都指向它们。然后，他将自己的发现制作成有趣的视频发布在平台上。

贾维斯将调查的重心放在一个名为"灵魂出版社"的出版集团上，他们称自己为"世界上最大的媒体出版商之一"，并声称其使命是"吸引、启发、娱乐和启蒙"。贾维斯首先研究了该出版社最成功的频道之一："5 分钟小技巧"。它旨在提供一些生活小点子，使你更轻松地完成日常琐事。一个播放次数为 1.79 亿次的视频声称可以用洗手液、发酵粉、柠檬汁和牙刷清除T恤衫上的油性记号笔的痕迹。贾维斯决定亲自测试一下，他在自己的白色T恤衫正面写下单词NERD（书呆子），然后按照说明进行操作。在完全按照指示的情况下，甚至在加上洗衣机清洗之后，粗体的记号笔痕迹NERD依然保留在衣服上。贾维斯一次又一次地尝试，结果证明"5分钟小技巧"上提供的建议要么作用很小，要么根本不起作用。

灵魂出版社的另一个频道"真实故事"宣称为其关注者制作源自生活的真实故事。但是贾维斯发现，其内容多是由编剧创作的，他们使用红迪网（Reddit）社区和其他社交媒体网站作为信息来源，撰写吸引美国年轻观众的"真实"故事。贾维斯向我解释，"真实故事"最初复制了另一个频道"故事书"，该频道制作取材于儿童和青少年的真实个人故事。由于"故事书"经常让孩子们自己讲述这些故事，这使它听上去就像是真的。

贾维斯在2019年5月的一次采访中对我说："优兔算法无法分辨'故事书'和'真实故事'之间的区别。""真实故事"频道使用与"故事书"相同的标题、描述和标签，因此"漏斗"算法或多或少地将其视为类似的频道，并开始在两个站点之间建立连接。"'真实故事'把海量的故事推入市场，他们以低于市场价的价格聘请承包商，每天放出一段视频，"贾维斯继续说道，"然后，他们自己的观众也多了起来，不再需要复制'故事书'的内容了。"一旦订阅人数超过100万，"漏斗"就会认为"真实故事"是孩子们想看的频道。

贾维斯认为，围绕着灵魂出版社各个视频频道的道德问题非常复杂。"当然，我也做过和别人相似的内容，并希望能吸引类似的观众，但这么大张旗鼓我是做不到的。怎么才能阻止他们对优兔上每类题材的视频都采取类似做法呢？"

优兔算法的局限性在于，它不关心视频宣传的内容或其制作过程背后的工作。当优兔给我推荐本·夏皮罗的视频时，我对此就深有感触。如果你让孩子看一小时优兔视频，你可能就能体会到他们是如何被玩具拆箱视频、色彩缤纷的橡皮泥冰激凌杯和迪士尼错头拼图迷住的。不妨看看《用错位的睡衣小英雄学习颜色》，它看上去好像只花了半个小时就制作完成，现在却有了 2 亿的播放量。漏斗推荐的视频不仅质量低劣，而且有时候还会非常不妥。2018 年，《连线》杂志的纪录片中就记录了其中包括巡逻犬试图自杀和小猪佩奇被骗吃了培根这一类视频。4《纽约时报》的一项调查发现，优兔会向有恋童癖的用户推荐裸体儿童在家庭泳池中玩耍的录像。5

优兔可能会让我们的视野像漏斗一样受限。它的目标可能是为你提供最佳推荐，但是当公式 9 对于给定的数据集找到最佳解决方案后，它就会停止学习。它会沿着学习梯度逐渐爬升，直至达到顶峰，然后就停下来让你欣赏风景了，无论这时候你看到的会是什么。"漏斗"会犯错误，我们有责任让它回到正确的轨道上来，优兔网站也并不总是能成功应对这一挑战。

\*

有些人可能会认为拜十会成员就像钢铁侠托尼·史塔克：实

业家和才华横溢的工程师正在利用技术改变世界。但是，如果拜十会的每个成员都选择一个漫威超级英雄来形容自己，那得票最多的可能是蜘蛛侠彼得·帕克。他们没有既定计划，不受道德约束——就像帕克发现自己的身体发生了出乎意料的变化时，仍然会选择全力控制它。

拜十会成员内部的紧张状况有多种方式可以呈现。它的成员到底是像电影《社交网络》中年轻的马克·扎克伯格多一些，还是像面对美国参议院司法和商务委员会做证时机器人一般的马克·扎克伯格多一些？他们是更像在电视机前抽大麻的埃隆·马斯克，还是更像认为我们的未来取决于移民火星的那个埃隆·马斯克？

一方面，这些公式给了拜十会无可挑剔的判断力，因此我们信任他们，将全球社会的变革交由他们计划。他们创造了一种科学的方法，可通过数据建立起对模型的信心。他们以前所未有的方式把我们所有人连接了起来；他们优化技术、提高性能；他们带来了效率和稳定性。另一方面，拜十会的成员固守奖励公式：忘掉过去，活在当下。他们为了创造优势，把无力支付的人踩在脚下。

这正是A. J. 艾耶尔在1936年告诉我们的：数学世界不存在道德，即便曾经有过，也已不复存在。拜十会的隐身性意味着我们找不到合适的超级英雄来进行类比。拜十会的成员到底是像少年般不谙世事，然后像彼得·帕克那样认识到，能力越大责任越大，还是会成为"为了世界的利益"控制世界的疯狂科学家？或者他们会像漫威的超级反派灭霸一样清除掉一半人口，仅仅因为他们认为这是最合理的？

无论他们以为自己是什么，我们都需要知道他们在做什么，因为他们无论走到哪里，都会改变一切。

*

现代人工智能的范例，如谷歌的"深度思维"（DeepMind）神经网络通过学习登顶世界围棋排行榜，或者是那些学会了玩"太空侵略者"和其他雅达利游戏的人工智能，应该被视为一项工程壮举。一个由数学家和计算机科学家组成的团队将所有部分放在一起，这些人工智能并不是由某一个公式单独实现的。

但是人工智能的组成部分涉及十大公式中的九个，这对我揭开十大公式神秘面纱的计划来说很重要。因此，现在我要讲的最后一招是如何使用本书到目前为止所介绍的数学公式来解释深度思维是如何成为游戏大师的。

想象一下一位国际象棋大师站在一排桌子中间，每张桌子上都有一盘棋，他每次在一张桌子前面走一步棋后就换到下一张桌子。这一挑战结束时，他赢得了所有比赛。乍一看这位大师可以同时下这么多场比赛似乎令人难以置信。他怎么能记住每场比赛的棋盘格局并决定下一步该怎么下？但如果你回想到技能公式，问题可能就迎刃而解。

棋盘的状态可以从盘面上得到：棋子的防御布局、王的隐蔽度、后的进攻自由度等等。大师不需要知道游戏是怎么进展到现在这种状态的，他只需要看到棋盘的当前状态并决定下一步如何行动即可。大师的技能可以通过他根据当前棋盘状态并将其转换为新状态（通过有效行棋）的方式来衡量，此时我们需要看这个新状态会增加还是减少他赢得比赛的概率。在评估大师时，公式4（马尔可夫假设）是适用的。

"许多完备信息游戏，例如国际象棋、跳棋、黑白棋、西洋双陆棋和围棋，都可以被归为交替马尔可夫游戏。"这是戴维·西尔弗（David Silver）和谷歌深度思维的其他研究员发表的关于击败世界冠军的阿尔法围棋（AlphaGo）神经网络的论文开头所写的。[6] 这一发现让他们专注于寻找目前状态的最佳策略，而不必担心在这之前发生了什么，使得解决这些游戏问题变得更加简单。

我们已经在第1章中分析过单个神经元的数学算法。公式1得到了足球比赛的当前赔率，并将其转换为是否应该投注的决定，这实质上是人脑单个神经元的简化模型。它接收来自其他神经元和外界的信号，并将其转换为我们应该做什么的决策。这个简化的假设是第一个神经网络模型的基础，公式1被用于对神经元的响应进行建模。如今，它已成为几乎所有神经网络内部对神经元建模所使用的两个非常相似的公式之一。[7]

接下来，我们来看看奖励公式。在公式8中，$Q_t$ 可以估计网飞电视剧的质量，或是打开推特时所获得的奖励。现在，我们不满足于评估一部电影或一个推特账户，我们还希望我们的神经网络能够评估有 $1.7 \times 10^{172}$ 种落子方式的围棋游戏以及视频加上用户有 $10^{172}$ 种不同组合的优兔视频的质量。我们用 $Q_t(s_t, a_t)$ 来表示系统处于状态$s_t$并且打算采取动作$a_t$的情形下，我们对该状态$s_t$的质量估计。在围棋中，状态$s_t$由19乘19的坐标网格表示，每个坐标可能带有三种状态（空、白棋占据、黑棋占据）之一，可能的动作$a_t$则代表可以放置棋子的位置。质量$Q_t(s_t, a_t)$可以告诉我们，在状态$s_t$下采取动作$a_t$的效果能有多好。对于优兔视频而言，状态是所有在线用户和可用视频，动作是向特定用户推荐特定视频，质量是他们观看该视频的时间。

奖励$R_t(s_t, a_t)$是我们在状态为$s_t$时采取行动$a_t$而获得的奖励。对于围棋来说，奖励仅在游戏结束时出现。我们可以认为赢了的一步能拿1点奖励，输了的一步则拿–1点奖励，其他任何动作的奖励为0。请注意，高质量的状态也有可能奖励为0。例如，如果是接近获胜的棋子排布，则它具有高质量，但奖励为0。

深度思维在使用奖励公式玩雅达利游戏时，增加了一个附加组成部分：未来。当我们执行动作$a_t$（在围棋中放置棋子）时，我们到达了一个新状态$s_{t+1}$（一个新的格点被放置了棋子）。深度思维的奖励公式为这种新状态下的最佳操作添加了$Q_t(s_{t+1}, a_t)$的奖励，这为人工智能提供了一种计划未来游戏步骤的方法。

公式8为我们提供了一个保证，即如果我们遵循其规则并且提高我们玩游戏的水平，那我们就能逐渐学会玩这个游戏。不仅如此，通过使用此公式，我们最终将收敛于任何游戏的最佳整体策略，无论是井字圈叉游戏、国际象棋，还是围棋。

但是还有一个问题。该公式并没有告诉我们需要玩多久才能了解所有不同状态的质量。围棋游戏有$3^{19 \times 19}$种状态，即大约

$1.7 \times 10^{172}$ 种可能的棋盘构型。即使使用非常快的计算机，也需要花费很长时间才能遍历完这些内容，而且为了使我们的质量函数收敛，我们需要对每个状态进行多次试验。找到最佳策略在理论上是可能的，但在实践中几乎是完不成的。

谷歌深度思维研究人员创新的关键点是意识到质量函数 $Q_t(s_t, a_t)$ 可以用神经网络来表示。与其在 $1.7 \times 10^{172}$ 种状态下尝试学习游戏，不如将人工智能对游戏的理解表示为输入层为 $19 \times 19$ 的棋盘位置，然后是几层隐藏的神经元和决定下一步行动的输出神经元这样的一个神经网络。一旦将问题描述为神经网络，研究人员便可以使用梯度上升法（公式9）一步步逼近正确答案。

在最能呈现人工智能算法威力的例子中，毫无国际象棋经验的谷歌阿尔法零（AlphaZero）神经网络花了4个小时就达到了与世界上最好的计算机国际象棋程序类似的水准，它们都远远领先于最佳人类选手。从那时开始阿尔法零继续学习，和自己进行对战，以找到不需要和人类对战就能学习的方法，这是人类乃至其他计算机都无法企及的。

到目前为止，神经网络的研究中遇到的所有公式我们都已经接触过了。我们已经用到了公式1、4、8和9。我们在研究网络内部的连接时，就会用到公式5。神经元的连接方式是决定网络可以解决何种类型问题的关键。"漏斗"这一别名来自优兔使用的神经网络的结构，其中输入神经元很多，而输出神经元在数量上则有很大缩减，就像一头大一头小的漏斗一样。研究人员发现，不同的结构适用于不同的应用。对于面部识别和玩游戏而言，被学术界称为卷积神经网络的结构效果最好。[8] 对于自然语言处理，带有循环构造的网络（被称为递归神经网络）是最佳选择。[9]

当我们想知道需要多长时间训练网络以保证它学习到正确的模型时，我们就用到了公式 3 和 6。公式 7 描述了一种叫作无监督学习的方法，当我们要分析数百万个不同的视频、图片或文本，并且想知道最应该注意的模式是什么时，可以使用该方法。公式 2 构成了贝叶斯神经网络的基础，贝叶斯神经网络对于解决涉及不确定性的游戏（例如扑克）至关重要。

因此，仅用 9 个公式，我们就奠定了现代人工智能的基础。掌握它们，你就可以创造未来的人工智能。

\*

但大多数人不知道的是，只要学习或者掌握这 9 个公式，就有机会做人工智能领域最好的研究。很多论文发表在可以免费访问的期刊上，而且有免费的代码库可供那些想要创建自己模型的人使用。拜十会的秘密不断增加，从棣莫弗的理论和高斯的笔记本，到 20 世纪科学的爆炸式发展，一直到现如今的 GitHub 代码仓库，技术巨头可以通过 Github 网站上传并共享其最新代码。

与其相信人工智能会成为人类的梦魇这类夸大其词的炒作，不如多去了解一些谷歌的故事。这家公司由两名来自加利福尼亚州的学生创办，致力于推动和资助高质量的研究，并将其所做的几乎所有研究都向公众公开。那些最聪明的头脑离开大学，前往谷歌、脸书这类公司工作，这件事本身当然存在争议。但我们中的很多人仍处于象牙塔中，而如今，我们从谷歌学到的东西几乎和谷歌从前人那里学到的一样多。

拜十会的秘密不在于公式本身，而在于了解该如何组合并运用它们。如果不加思考，这些公式不能帮你解决任何问题。

人类未来的风险不是来自可能占领我们世界的充满恶意的人工智能：譬如漫威复仇者联盟的管家埃德温·贾维斯，或者电影《她》中诱惑地球上每个男人的机器人萨曼莎。人工智能还没那么聪明，它会陷入自己有限的解决方案中出不来。真正的风险来自能从数据中挖掘信息和那些不能如此的人之间日益扩大的差距，知道这些公式的一小部分人掌握着这个星球上未曾出现过的最高智慧。

有数学天赋的人类正在统治这个星球，两名大学生根据影响力公式（公式5）创立了谷歌搜索；三名谷歌工程师构造了一个神经网络，让数千万的人沉迷于单调的视频和广告；少数程序员、金融家和赌徒利用数学控制其他人一遍又一遍地重复自己的行为。换句话说，一小部分精英数学家控制着那些学不会或不想学习拜十会秘密的人的生活。

拜十会无须对其行为负责，但它确实改变了我们生活的方方面面；拜十会不受其局限性的影响，仍然在寻求每个问题的最优答案；拜十会对自身的认识可能也不充分，但是关于其存在的证据是不可否认的。

现在我们知道了10个公式中的9个是如何运作的，以及每个公式的优点和局限性，我们也许可以最终回答那些对人类而言最重要的问题。这个操纵着我们世界的秘密数学组织，本性是善良的还是邪恶的？

也许遵照着拜十会的指导，我能变得更富有、更聪明、更成功，但是我能变成一个更好的人吗？

# 第 10 章

# 万能公式

*如果……那么……*

我对着手机开始提问:"这个赛季C罗和梅西谁表现更好?"

我抬头看了眼站在电脑屏幕投影前的卢德维格、奥洛夫和安东,卢德维格紧张地挪了挪脚,先被测试的是他负责的部分代码。足球机器人可以将英语句子翻译成它可以理解的语言吗?

屏幕上的文字开始滚动,呈现出机器人大脑的内部运作方式。我的问题在它眼中变成这样:

{意图:比较;联系人:{C罗,梅西};情绪:中性;游戏时间:整个赛季}。

机器人理解了!它明白了我的意思。现在轮到奥洛夫紧张了,他的职责是对球员质量进行建模。我没有明确我感兴趣的时间段,但是机器人使用了其默认时段——最近的比赛。奥洛夫的算法可以将球员的表现分为"差"、"平均"、"好"和"优秀"。现在,这个机器人被要求比较两位球员的表现。

这个机器人决定利用{权重：射门；联赛：CL}告诉我们在这两位球员唯一一次共同参加的比赛（欧洲冠军联赛）中双方的射门次数和进球数。我们可以在投影屏幕上看到答案：机器人知道它认为的最好球员是谁。现在剩下的就是将这些信息发送回我的手机——不是以大括号、冒号和摘要文字的形式，而是以方便人类阅读的句子形式。

安东负责构造机器人的回答，他说："这个机器人会讲超过10万个单词。它可以自己将句子和单词用不同的方式组合在一起，但我不知道它会选哪个。"

我低头看向我的手机，生成答案要花一些时间，我们当然还需要完善一下用户界面……

最后，它给出的回答是："在这两位球员中，我认为利昂内尔·梅西表现得更好。梅西在本赛季中进了6个球，并且取得了不错的射门得分。"机器人向我发送了一条指向射门图的链接，其中包含了梅西在欧洲冠军联赛中的所有射门和进球。它的措辞听起来确实像是一个机器人，因为它提到了"射门得分"，但也有一些吸引人的表述。而且，它得出了我认为正确的答案。

\*

这个足球机器人由三名学生构建，部分基于我们在本书中介绍过的数学知识。卢德维格利用学习公式训练机器人了解和足球相关的问题。奥洛夫使用技能公式评估球员，并使用评价公式比较他们。最后，安东用一个终极公式将几件事联系在一起："如果……那么……否则……"。

在我们集中讨论最后一个公式之前，我想回溯一下我们的数学之旅的进展。让我们复习一下我们学过的公式。

对公式的理解分不同的层次。你可以深入理解其中的数学，准确明白它们的原理和使用方式。如果你的目标是成为为快拍、篮球俱乐部或投资银行工作的数据科学家或统计学家，你就需要深入理解技术细节，这本书只能为你提供入门的信息。

但你也可以以不同的方式使用这个公式—— 一种不那么有技术性，更"软"的方式。你可以使用这些公式来指导你的决策并调整对世界的看法，我相信你可以根据这十个公式成为更好的人。

在西方思想中，最初的"如果……那么……"的表述出现在《十诫》中。如果是星期日，那么要守圣。如果你听说过其他神灵，那么没有人诞生在我之前。如果邻居的妻子很性感，那么你也不要垂涎她，等等。这些诫令的问题在于它们很死板，它们诞生于大约两千年前，确实是有点儿过时了。

到目前为止，我们研究的 9 个公式各不相同。它们没有为你在不同情况下应该做什么、不应该做什么制定相应的规则，而只是提出了一种对待生活的方式。我们在前文中分析了艾米在洗手间听到雷切尔对她的嘲笑后应该如何看待，看到了友谊悖论告诉我们不必眼红其他人在社交上的成功，以及如何通过广告公式用刻板印象来衡量朋友。在上述每种情形中，我并没有限定这些人根据道德准则应该如何行动，而是查看数据，确定了正确的模型，并得出了合理的结论。

十大公式比十诫灵活多了，它们可以处理更广泛的问题，并且能给出更细致的建议。我会把十大公式置于上帝的十诫之上吗？当然会。我们花了2 020年的时间来进化自己的思想：自从十诫诞生以来，我们进化出了更好的思考问题的方式。我不仅要将这10个公式置于基督教之前，而且还要将它放在许多其他生活建议之前。把数据和模型组合起来，并抵制废话，使数学拥有一种天然的真诚，超越了许多其他思维方式。

数学知识像是一种额外的智力，我也相信学习这10个公式是我们在道德上的义务，虽然这一点很有争议性。我甚至认为，从总体上讲，拜十会成员迄今所做的工作对人类是有益的，虽然不是一直如此，但益处大于弊端。通过学习这些公式，你不仅可以帮助自己，还能帮到别人。

鉴于拜十会成员比不具备这些技能的人更有优势，得出这一结论可能令人感到意外。该结论似乎也与A. J. 艾耶尔所描述的可验证性的哲学立场背道而驰，他曾告诉我们，不能指望对数学中的道德问题找到合乎逻辑的答案。但这正是我所相信的，也是我现在要论证的：拜十会是一股向善的力量。

*

为了在数学中找到道德的踪迹，首先我们必须弄清楚在哪些地方一定找不到。通过排除法，我们应该能够发现教会我们"什么是对的"的数学思维。

我们的最后一个公式"如果……那么……"不单单是一个公式，而是一系列可以使用"如果……那么……"和"重复……直到……"循环语句写出来的算法的统称。这些语句是计算机编程语言的基础。在安东的足球机器人的内部代码中，我们可以发现以下命令：

if key passes > 5 then print('He made a lot of important passes')[①]

这类命令对于输入数据给出相应的输出。

20 世纪 50 到 70 年代，新兴的计算机科学发展出了用于处理和组织数据的各类算法，归并排序算法是其早期的代表，该算法最早由约翰·冯·诺伊曼于 1945 年提出，目的是对列表按照数字或字母进行排序。要想深入了解其工作原理，我们首先来思考如何合并两个已经排序的列表。例如，我有一个包含 {A，G，M，X} 的列表和一个包含 {C，E，H，V} 的列表。要想得到合并这两个列表的新列表，只需在两个列表中从左到右逐个检查，然后依次将顺序最靠前的字母放入新列表中，再将其从原始列表中删除即可。

我们按照这个规则来尝试一下，首先，我们比较两个列表的第一个成员 A 和 C。由于 A 排在 C 前面，因此我们将其从当前列表

---

① 意为：如果关键传球>5，那么就输出"他做出了许多关键传球"。——编者注

中删除，然后将其放入新列表中。现在，我有三个列表：新列表{A}与原始列表{G，M，X}和{C，E，H，V}。接下来我再次比较两个原始列表的第一个元素G和C，并在新列表中添加C，新列表变为{A，C}。接下来，比较G和E，将E放在新列表中，得到{A，C，E}。重复此操作，直到获得完整的全新已排序列表：{A，C，E，G，H，M，V，X}，此时原始列表为空。

从合并已排序列表到对任意列表进行排序，冯·诺伊曼提出了一种基于分治法的策略。完整的原始列表被分为越来越小的列表，每个列表都会使用相同的方法来合并已排序列表，从而整个排序过程被各个击破了。假设我的原始列表是{X，G，A，M}。首先，我们将单个字母{X}和{G}合并为{G，X}，将{A}和{M}合并为{A，M}。然后通过合并{G，X}和{A，M}形成已排序列表{A，G，M，X}。这种方法的优雅之处在于，它在每个层级上都重复了相同的技术。通过将原始列表分成足够小的部分，我们得到了有序列表，即单个字母组成的列表。然后，通过使用我们已经掌握的合并两个有序列表的方法，我们确保了新创建的列表也是有序的（图10-1）。归并排序永远不会出错。

另一个例子是迪杰斯特拉算法，该算法可找到连接两点的最短路径。荷兰物理学家和计算机科学家埃德斯格·迪杰斯特拉（Edsger Dijkstra）于1953年在计算荷兰两个城市之间的最快行驶路线时发展了出了这一算法，为了向"非计算人员"（他是这么称呼的）展示计算机的用途。[1]他坐在阿姆斯特丹的一家咖啡馆里，只花了20分钟来设计算法。后来他告诉《计算机协会通信》杂志：

"这个算法之所以如此好，是因为我设计它的时候没有用纸和笔。在没有纸和笔的情况下，你可以避免所有复杂情形。"

假设你想开车从鹿特丹出发去格罗宁根。迪杰斯特拉的算法告诉你，首先要用从鹿特丹出发到达所有邻接城镇要花的时间来标记这些城镇。图 10–1 将此过程展现了出来，例如，去代尔夫特要花费 23 分钟，去豪达要花费 28 分钟，去斯洪霍芬则要花费 35 分钟。下一步需要查看这三个城镇的所有邻接城镇，并找到到达它们的最短时间。因此，如果从豪达到乌得勒支需要 35 分钟，从斯洪霍芬到乌得勒支需要 32 分钟，那么经过豪达到乌得勒支的最短总旅行时间计为 28 + 35 = 63 分钟（少于经过斯洪霍芬的 35 + 32 = 67 分钟）。该算法会继续在整个荷兰范围内扩展，标记出每个城市到达鹿特丹的最短距离。由于算法已计算出沿途到达每个城市的最短路径，因此在添加了新城镇之后，就能够保证找到抵达该新城镇的最短路径。该算法并未从一开始就确定目的地是格罗宁根，它只是标记了始发点到每个城镇的距离，当最终格罗宁根被添加到计算中时，算法就能找到到达格罗宁根的最短距离。

与冯·诺伊曼的归并排序和迪杰斯特拉的最短路径相似的算法很多。[2] 这里仅举几个例子：克鲁斯卡尔算法，用于寻找最小生成树（使用最少的路径连通所有城市的方法）；汉明距离，用于检测两段文本或数据之间的差异；凸包算法，用于围绕一系列点绘制形状；碰撞检测算法，用于绘制三维图形；快速傅立叶变换，用于信号检测；等等。这些算法及其变式是计算机硬件和软件的基础，它们对数据进行排序和处理、发送电子邮件、检查语法，并

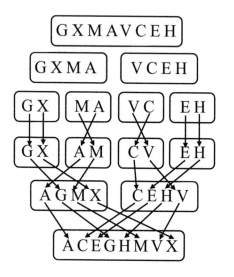

归并排序是通过分治的方法完成的。首先把每两个字母组成对，把两个字母之间的顺序排好，然后再把已经排序的字母对合并成四个一组，以此类推，直到最后所有字母都被排到一个列表里

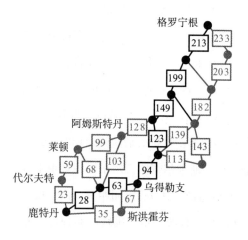

在迪杰斯特拉的最短路径算法中，我们会从一个城镇移动到另一个城镇，沿路寻找到每个城镇的最短路径

以黑色标出的路径就是从鹿特丹到格罗宁根的最短路径，数字表示花费的时长（单位为分钟）

图 10–1　归并排序与迪杰斯特拉算法的图示

让语音助手在几秒钟内识别出收音机播放的歌曲。

"如果……那么……"规则总是会给出正确的答案，我们总是知道会发生什么。拿本章开头提到的足球机器人为例，我可以问它关于足球的简单问题，它也能回答上来，但对于安东来说，答案并不令人惊讶。他已经在底层写好了决定机器人能说什么的规则，并且机器人也可靠地遵循了这些规则。

我将所有这些"如果……那么……"综合在一起作为一个单独公式的原因在于，它们有一个非常重要的共同点：代表了普遍真理。迪杰斯特拉算法始终能够找到最短路径；归并排序始终能对无序列表按照从A到Z的顺序排序；一组点的凸包始终具有相同的结构。它们所表达的真理和我们说什么、做什么无关。

在本书的前9章中，我们一直在使用公式来测试模型、做出预测并加深对现实的理解。这些公式与世界相互作用：过去的数据为模型提供信息，而这些模型可以预测未来的数据。相反，"如果……那么……"则没那么灵活。它们读入数据（例如要排序的字母列表或可以计算出最短路径的地点列表），然后给出答案。我们无法根据反馈的答案来修正对世界的了解。同样，这些算法的输出也不受我们的观察所影响。这就是为什么我称它们为万能：它们已被证明是对的，而且总是有效。

上面列出的这些例子是计算机编程的基本算法，但是其他关于几何、微积分和代数的数学定理也具有普适性。我们在第5章讲述的友谊悖论就给出了这样一个例子。我们的朋友平均而言比我们更受欢迎这个结论乍一看似乎很难想象，但是通过逻辑上的证明，我们明白了这是必然的。

数学中充满令人惊讶的结果，这些结果乍一看可能违背我们的直觉。例如，欧拉等式（以莱昂哈德·欧拉的名字命名）$e^{i\pi} + 1 = 0$ 表现了三个常见的常数（指数常数 $e = 2.718\cdots$、圆周率 $\pi = 3.141\cdots$ 和 $i = \sqrt{-1}$）之间的关系。它以如此优雅的方式结合了数学上三个最重要的常数，我们通常称其为数学中最美的公式。[3]

另一个例子是黄金分割比：$\phi$。当我们画一个矩形，它可以被分解成一个与自身相似的矩形加上一个正方形时，我们就会碰到这个常数。具体来讲，如果正方形的边长为 $a$，而矩形的边长为 $a$ 和 $b$，那么在满足下式的情况下，该矩形被称为黄金矩形：

$$\frac{a+b}{a} = \frac{a}{b} = \phi$$

令人惊讶的地方在于，同样的常数 $\phi$ 也出现在斐波那契数列 $1, 1, 2, 3, 5, 8, 13, 21, 34\cdots$ 中，如果我们将前两个数相加生成下一个数，就能得到这个数列。如果我们记录下相邻两项的比值，那么它们会越来越接近 $\phi$（$13/8 = 1.625$，$21/13 = 1.615$，$\cdots$，$34/21 = 1.619$）。这两个例子仅仅是纯数学之旅的起点，在纯数学中，很多日常直觉不再成立，而严格的逻辑推理是继续前进的唯一办法。

数学定理的数量如此之多，以至于法国数学家亨利·庞加莱在其 1902 年的《科学与假设》一书中写道："如果数学提出的所有论断都可以通过形式逻辑相互推导，那么数学就仅仅是无穷无尽的同义反复而已，逻辑推导不会告诉我们本质上的新东西。但是，我们真的愿意相信填满这么多书的定理只不过是迂回地说出了 A = A 的同义反复，而不包含任何其他意义吗？"庞加莱所给出的是反问句，因为他相信，自己和其他人在探索数学真理时碰到的挑战意味着，数学真理必须包含比逻辑陈述更深刻的东西。

丹·布朗的《达·芬奇密码》表达了类似观点，这是一个关于数学阴谋论的虚构故事，但很有新意。在这本书中，罗伯特·兰登教授说："当古人发现黄金分割比的时候，他们确信自己发现了上帝创世的证据……'神圣比例'这个描述所带来的神秘感是这个词从诞生之日起就具有的。"兰登举例说明了黄金分割比，即他所说的"神圣比例"在生物学、艺术和文化中的例子，其中有些是正确的，有些则不是。贯穿整个历史，拜十会的成员一直都使用黄金分割比作为代码，小说的主角之一索菲·尼芙（Sophie Neveu）的名字就包含了一个线索[1]。

我必须承认，数学在这一层面非常吸引我。我非常喜欢《达·芬奇密码》所讲述的故事。我们意外发现的一些关系令人难以置信，不仅是 $\phi$ 这样的数字，迪杰斯特拉的最短路径算法和冯·诺伊曼的归并排序算法也是如此。这些真理蕴含的简单优雅似乎超越了世俗，这些公式是否可能藏有一些更深层的秘密？

庞加莱所提问题的正确答案比他想象的要简单得多，答案是肯定的。所有伟大的数学定理，以及计算机科学的排序和组织算法所说的不过就是 A = A 这样一件简单的事。它们都是无穷无尽的

---

[1] 黄金分割比在英语中被称为phi（希腊字母 $\phi$ 的发音），索菲·尼芙的英文名（Sophie Neveu）中就包含phi。——编者注

同义反复，是一种非常有用且出人意料的同义反复，但依然是同义反复。庞加莱的结论在字面上是正确的，但在修辞上是错误的。

在《语言、真理与逻辑》中也可以找到支持庞加莱的论点，艾耶尔在他的书中用了三角形的例子。想象一下如果一位朋友告诉你一个三角形的内角和小于 180 度[4]，你可能有两种反应：要么觉得他的测量不准确，要么认为他所说的对象不是三角形。在任何情况下，你都不会根据朋友的测量数据改变你对三角形内角和的看法。他不可能在现实世界中找到违反几何结果的三角形。

同样，不存在无法按字母顺序排序的单词表。如果我给你看一个"A. J. Ayer"排在"D. J. T. Sumpter"后面的列表，然后告诉你这是归并排序的输出，你可能会觉得我的算法出错了，或者我不懂字母表。这个列表当然不是归并排序无效的证据，同样也不会存在最短路径比第二短路径长的网络。

对于兰登教授而言遗憾的是，所有不同的几何和数学关系涉及 $\phi = 1.618$ 的原因在于它是二次方程 $x^2 - x - 1 = 0$ 的正根。求解斐波那契数列和得到黄金分割比都涉及求解同一个二次方程，因此会得到相同的答案。在 $\phi$ 或任何其他数字中没有隐藏任何神秘代码。

艾耶尔的观点是，数学定理与数据无关，数学是不可检验的。它由同义反复组成，在逻辑上被证明是正确的，但它们本身并没有描述任何物理现实。为了回应庞加莱，艾耶尔写道："逻辑和数学如此有用，以及它们让我们如此惊讶，原因就在于我们理性的局限性。"

庞加莱被误导的原因在于即使对于他来说，数学也非常之难。实际上，数学结果是独立于物理世界观测的真实存在。这就是为什么我说它们是普适的。数学真理适用于一切场合，与我们的所言所行无关，与科学发现无关，与庞加莱或者其他数学家是否发现它们无关。

我们在整本书里都看到，十大公式的强大之处在于它们能与现实世界进行互动，把模型和数据结合起来。离开了数据，公式就缺乏了深刻的内涵。这些公式当然没有给我们提供任何有关道德或者上帝的概念，它们只是一堆非常有用的结果，而且碰巧是正确的。

如果你想探索数学中的道德，我们将不得不去理论之外的其他地方寻找。

\*

我后来一直没有联系马里乌斯。扬曾要求我与他确认之后再公布他们投注操作的财务细节，我有点儿担心马里乌斯会拒绝我，他可能不想受到公众的关注。

事实证明是我多虑了，马里乌斯很乐意同我交流，并向我详细介绍了细节。他们的利润确实每天都在增长，但他的每一天过得依然很难。他说："如果每天都看这些数字，真的会发疯。"有一段时间他们表现不佳，损失了 40 000 美元。"这是有史以来最糟糕的经历。那时候我们真的开始怀疑人生，但还好我们保持住了自信，过了一段时间，账面上的数字又涨回来了，然后起起伏伏。"

他告诉我博彩使他变得更有耐心，专注于他有能力改变的事。"我们无法控制波动，我不再像世界杯期间那样观看比赛。刚开始的时候我会当场检查我们的投注是否明智，现在，我每天去办公室只是为了工作，我们每季度会回顾一次。"

我问他："你有没有考虑过自己所从事职业背后的道德？你考虑过当你赢钱时，所有那些输掉的人吗？"

马里乌斯说："赌博的坑人之处在于，那些带有误导性的广告告诉我们赌博不需要技巧，而实际上并非如此。但另一方面，你只需在网络上搜索有关价值投资的内容，就可以找到作为业余赌博者获利所需的一切。大多数人只是不愿意付出努力。"

他是对的，这就是投注公式给我们上的道德课。如果人们不愿意花几个小时在互联网上搜索信息，那为什么马里乌斯该为此负责任呢？马里乌斯和扬创建了一个网站，上面记录了在"软性"博彩公司进行价值投注所需的所有信息。然而，很少有人乐意听从他们的建议。

我问马里乌斯，如果市场剧烈变化让他倾家荡产，他会做何反应。他回答："你永远不知道未来会怎样，这些都是有可能的。但是我热爱我所做的事，而幸福正来源于此。我永远不会满足于悠闲地躺在沙滩上，让机器人代替我交易。我觉得真正令人兴奋的是挖掘数据，发现真理。"他发现了拜十会的真正秘密，这与他在银行账户中存了多少钱无关，他的收获在于他学到了多少东西。

这是道德的标志吗？我觉得是。我相信扬和马里乌斯的做法反映了一种理性的诚实，他们不会对自己的行为撒谎，会按照规则进行游戏，利用自己的专业技能成为赢家。同样的道理也适用于威廉·本特和马修·贝纳姆开展的更大规模的博彩业务。本特的诚实令人震惊，诚然，他没有透露自己赢了多少、从哪里赢的，但他在科学杂志上发表了自己的方法。现在，任何具有数学技能的人都可以应用本特的方法。

努力工作、学习和坚持的人会成为胜利者，而偷懒的人会输掉一切。这个规则适用于整个拜十会。在做出判断时，我们必须得知道我们的信念是如何被数据塑造的。在建立技能模型时，我们不得不陈述自己的假设。在进行投资或下注时，为了改善模型，我们不得不坦承所有利润和亏损。我们被要求告诉彼此对自己所得结论的信心。我们被迫承认自己不在社交网络的中心，我们不应该为自己不那么受欢迎而感到遗憾。在看到相关性时，我们被迫寻找因果关系。在创造技术时，我们会看到它会给人类带来怎样的成就和灾难。这就是数学的道德，真理必胜。

拜十会成员是知识的真正守护者。他们提出假设、收集数据，然后告诉我们答案。如果他们无法得到全部答案，他们会诚实地告诉我们缺少什么。他们会列出可行的替代方案以及每种方案成功的可能性，接下来考虑我们可以采取的下一步措施，以找到更多解决方案。

我们也应该把这种诚实应用到生活中，这10个公式可以帮到你。首先我们得考虑各种可能性，既要靠赌博来获取我们想要的东西，又需要了解失败的风险；通过收集数据来改善自己的判断，然后再得出结论；不要不停地暗示自己这是对的并以此来提升信心，而要通过多次试验来提高置信度；从揭示由社交网络创建的过滤器到了解社交媒体如何驱使我们达到临界点，这些公式都在告诉我们对模型保持诚实并确保使用数据来进行自我提升的重要性。

如果你一直遵循这些等式的建议，你就会注意到周围人将对你的判断和耐心而钦佩不已。这是数学可以成为道德来源的第一重意义，它传递了关于你自己和周围人的真相。

\*

本·罗杰斯为A.J.艾耶尔撰写的传记讲述了1987年哲学家艾耶尔与拳击手迈克·泰森相遇的故事。[5] 当时77岁的艾耶尔正在曼哈顿西57街参加一场聚会，一位女性冲进房间，说她的朋友在公寓的一间卧室里遭受袭击。艾耶尔过去看了一下情况，发现泰森试图强迫后来成为超模的年轻女孩娜奥米·坎贝尔。

罗杰斯写道，艾耶尔对泰森予以警告。泰森则回应："你知道我是谁吗？我是世界重量级拳王。"

艾耶尔站在原地回答道："我是前威克姆逻辑学教授。我们在各自的领域都非常杰出，我建议我们从理性的角度来谈谈这件事。"

泰森显然是一个哲学迷，这个头衔让他印象深刻，于是他退缩了。

但是，如果泰森想用脑力来打败艾耶尔，他可能会问，这位哲学家凭什么认为他能干涉自己对娜奥米·坎贝尔的追求。毕竟，正如艾耶尔在《语言、真理与逻辑》中所说的那样，道德超出了经验性讨论的范畴。虽然我们很明显能看到坎贝尔很害怕泰森，但泰森可能会发问："完全从逻辑的角度出发，有哪些原因规定了男人在追随欲望的过程中不能强迫女人？"

艾耶尔将不得不承认，他只不过是将自己社交圈中的公认准则强加给泰森罢了。泰森还可以补充说，他早年在布鲁克林街头的混混生活中养成的行为准则与在伊顿公学受过教育的艾耶尔不同，因此他们之间没有什么共同点，讨论很难继续下去。"如果你不介意，"泰森可能会继续说道，"我想以我认为最合适的方式来对这位美丽的女士示爱。"

他们谈话的方向是否确实如此，我就不可能知道了，我们知道的只是他们陷入了一场争论，在此期间娜奥米·坎贝尔逃离了聚会。4年后，迈克·泰森因强奸另一名女性而被定罪，现在他是一名有前科的性罪犯。

泰森和艾耶尔的故事说明了严格的逻辑实证主义追随者会碰到的基本问题，他们无法解决即便是最明显的道德困境。尽管数学和逻辑不会说谎，但每个人都有权决定自己的道德。

显然，这里提到的逻辑实证主义缺少一些东西。问题出在哪儿呢？为了加强我们对数学在道德中所起作用的思考，1967年，牛津大学道德哲学家菲莉帕·富特（Philippa Foot）提出了一项思想实验，该实验被称为电车难题[6]，描述如下：

爱德华是一位电车司机，但是他的刹车失灵了。在他面前的铁轨上有5个人，铁轨距离地面很高，他们无法提前离开轨道。轨道上有一条向右延伸的支线，爱德华可以将电车拐到支线上。但不幸的是，右边的支线上有1个人。爱德华可以选择让电车转向，会有1个人因此丧命，或者他沿着当前道路开下去，则会有5人丧命。

问题在于爱德华应该怎么做：转向的话有1个人会死，继续前进的话有5个人会死。经过一番思考，我们大多数人倾向于认为他应该选择第一种方案。杀死1个人比杀死5个人更好，到目前为止，这似乎没什么问题。

现在考虑一下麻省理工学院哲学教授朱迪思·汤姆森（Judith Thomson）于1976年提出的另一个电车难题：

乔治站在电车轨道上方的人行天桥上，他十分熟悉电车，并且知道正驶向人行天桥的那辆电车失控了。在桥的后面站着5个人，铁轨距离地面太高，他们无法及时离开铁轨。乔治知道，使失控电车停下的唯一方式是将重物推下去挡在电车前面。但是视线可及范围内唯一够重的是人行天桥上的一个胖子，他也在看着失控的电车。乔治可以把那个胖子推到电车的轨道上，但这会导致那个胖子死亡。而如果他不这么做，会有5个人因此死去。

此时的乔治该怎么做？将人推到轨道上显然是错误的，但另一方面，假如不采取行动，会有 5 人丧命，就像爱德华不改变行车轨道那样。

在一项调查中，1 000 名美国公民中有大约 81% 的人表示，如果他们是爱德华，会选择让电车转向，而只有 39% 的人认为乔治应该推下胖子救下那 5 人。[7] 回答同一问题的中国和俄罗斯受访者也更倾向于认为爱德华应该采取行动而乔治不应该采取行动，调查结果支持了人类对这类困境具有普遍道德直觉的假设。[8] 但是，这其中仍然存在文化差异，在这两种情况下，中国人都更有可能让电车顺其自然，不去干涉。

朱迪思·汤姆森构想出第二个电车难题是为了使得其中的困境更加清晰。[9] 这两个问题的数学描述是相同的，即到底是挽救 5 条生命还是挽救 1 条生命，但我们的直觉告诉我们，这两个问题之间有本质上的差异。从数学上解决这两个问题很简单，但要在道德上阐述清楚则非常复杂，电车难题要求我们思考为拯救生命我们愿意做什么，不愿意做什么。

电车难题是许多现代科幻小说的中心议题，通常在科幻电影开场大约 30 分钟到一个小时内就会出现这类困境（剧透警告）。在漫威电影《复仇者联盟：无限战争》中，有哲学思维的超级反派灭霸在目睹过多的人口彻底摧毁他的母星后，觉得消灭一半的宇宙人口是一个好主意。他认为现在消灭一半人口将为以后节省更多资源，换到汤姆森电车难题下的语境，也就是说灭霸决定将数十亿胖子推到电车轨道上。在续集《复仇者联盟：终局之战》

中，我们可以看到托尼·史塔克面临着更个人化的类似困境：是让他女儿的生活一直保持现在幸福的状态，还是把他的朋友们带回来。这要求他在两者之间做出艰难的抉择。

在科幻小说中，通常是坏人选择推胖子。在很多情形里，这些决定被描述得冷酷无情。机器人或人工智能会做出基于功利主义的决定——救5个人而非救1个人，因此为了实现这一目标，它们不管自己的行动有多么可怕。对于由人类编程以挽救尽可能多生命的实用机器人来说，优先考虑的是数字，而不是情感。在其他条件相同的情况下，救下5个人的效用大于救下1个人的效用。

菲莉帕·富特和朱迪思·汤姆森用电车难题阐述的是完全相同的问题：认为我们可以基于功利主义来解决此类困境的想法是错误的。电影中机器人的决策是错误的，如果在现实中存在，它们也是错误的。科幻小说提醒我们，我们无法创建如同"if 5 > 1 then print（'save the 5'）"①这样的通用规则来解决生活中的所有问题。如果这么做的话，我们将会犯下最可怕的道德罪行，我们将愧对子孙后代。

在我还年轻的时候，我可能会把不采取任何行动看作是人类的逻辑弱点，即便采取的行动是将一位胖子推到铁轨上。但那时候的我错了，不仅仅是因为我对同胞太过苛刻。实际上，得出这一结论才是我的逻辑弱点。电车难题告诉我们两件事：首先，它

---

① 意为：如果5 > 1，那么输出"救5个人"。——编者注

强调了一个事实，即现实生活中的难题不存在纯粹的数学答案，这与艾耶尔对庞加莱关于数学普遍性的结论的回应是同一个道理，这也是达·芬奇密码不存在的原因。我们对数学的普遍性的认知来源于其同义反复式的特质，而不是其所包含的更深层的真理。我们不能将数学当作神圣的诫命，只能将数学用作组织模型和数据的工具，就像这本书所做的一样。

电车难题告诉我们的第二件事是，纯粹的功利主义（即我们的道德观念应建立在试图使人类生命或幸福最大化的基础上）是所有道德准则（它们都同等不正确）中最大的邪恶之一。[10] 诸如"挽救尽可能多的生命"之类的规则很快就会违背我们的道德直觉，并导致我们做出可怕的事。一旦我们开始设定最佳的道德准则，我们就亲手创建出了一个道德迷宫。

我相信对于这些困境有一个非常简单的答案：我们应该学会信任并运用我们自己的道德直觉。这是A. J. 艾耶尔与迈克·泰森面对面时所做的，也是莫瓦·布塞尔在看到朋友被纳粹追捕之后决定研究种族主义时所做的，是当我调查剑桥分析公司虚假新闻和算法偏见时所指导我的，也是我指导比约恩关于移民和瑞典右翼势力崛起的博士论文时所建议的，它也是指导妮科尔·尼斯比特研究政治传播时的准则，同时也是蜘蛛侠一直践行的：他遵循直觉，并运用自己的技能惩罚反派。

电车难题告诉我们，我们需要一种更为温和的方式来思考这类道德和哲学上的困境，这种方式可以为冷漠的模型和数据提供一些补充。

拜十会对社会贡献最大的成员能同时以温和（用他们的道德直觉来决定要解决哪些问题）和尖锐（结合模型和数据以诚实地回答它们）的方式思考。他们倾听并理解周遭一切的价值。他们意识到，自己没有比其他人更有资格决定哪些问题需要被解决，但是他们确实更有资格解决这些问题。他们是公仆，坚持着理查德·普莱斯在 260 年前为拜十会带来的精神。普莱斯关于奇迹的观点是错误的[11]，但他对我们运用数学的道德要求是正确的。

我没有任何确凿的证据，但是我相信，在逻辑实证主义中剥离掉功利主义的一般观念之后，我们就可以用道德直觉来指导个人行为，正是这种温和的思维方式告诉我们应该去解决什么问题。

*

拜十会的成员需要和其他人交流，我们需要知道如何处理肩负的权力，就像蜘蛛侠每次重生后意识到自己的弱点一样。

变得温和意味着不要盲目地让蠢笨的投资银行家的财富成倍增长，还意味着我们不应该为了获取利润而对基本公式申请专利，同时我们应该对自己所用的算法持开放态度，应该与那些愿意努力学习它们的人分享我们的所有秘密。

我们必须要利用直觉来引导我们解决重要的问题。我们应该倾听他人的感受，找出对他们而言最重要的是什么，其实很多人已经开始这样做了，但是我们需要对自己是谁以及为什么要做这些事持开放态度。

在定义问题时，我们需要保持温和，在解决问题时，我们必须严格。

*

我现在正坐在英格兰北部一所大学数学系大楼的地下研讨室里。利兹大学政治学学者维多利亚·斯贝塞（Viktoria Spaiser）站在我们面前，向大家介绍当天的演讲者。她和她的同事兼丈夫理查德·曼（Richard Mann）一起组织了为期两天的关于社会活动中的数学的研讨会。他们的想法是将数学家、数据科学家、公共政策制定者和商界人士召集在一起，找到利用数学模型使世界变得更美好的方式。

我第一次遇到维多利亚是在大约8年前，我认识理查德还要稍微早一些。当时，我们正与我的一名博士生希亚姆·兰加纳坦（Shyam Ranganathan）一起，努力为瑞典学校的种族隔离[12]、各国的民主变革以及为联合国实现其互相矛盾的可持续发展目标建模。我们并非总是大声宣扬自己的观点，但我们私底下一直认为数学不应该只是研究世界，而是应该使世界变得更美好。将本次会议的主题定为"行动主义"是我们首次公开表达自己的目标。

我们并不是孤军奋战。在维多利亚宣布会议开始后，与会人员一个接一个站起来，告诉其他人他们在做什么。来自英国机构数据咖（DataKind）的亚当·希尔（Adam Hill）建立了一个网络，该网络显示了英国匿名公司（创立匿名公司的意图在于隐瞒所有权）董事会成员之间的联系，他和他的团队通过将公司所有权联系在一起来检测腐败和潜在的洗钱活动。贝蒂·南尼永加（Betty Nannyonga）告诉我们她的同事如何使用数学模型来理解她所就职的乌干达坎帕拉马的马可雷雷大学学生罢课的原因。利兹大学的学者安妮·欧文（Anne Owen）表示，格蕾塔·通贝里一直声称英国公布的二氧化碳排放减少量的数据不真实，她们从模型上表明确实如此。[13] 安妮向我们展示了如何正确计算英国从中国进口的所有塑料产品的生产和运输的相关数据。60 岁至 69 岁的老年人（通过乘飞机度假或驾驶大型汽车）每年要比 30 岁以下的年轻人多排放 64% 的二氧化碳，正是这些群体中的一些人在批评通贝里，其实他们才是最需要仔细地考虑自己碳足迹的人。

你可能直到目前为止都不太了解我们，但是现在你知道了。大幕已经拉开。

我们是拜十会！

# 第 1 章  博彩公式

1. 这篇文章发布在 Medium 平台上，可参见链接 https://medium.com/@ Soccermatics/if-you-had-followed-the-bettingadvice-in-soccermatics-you-would-now-be-very-rich-1f643a4f5a23。关于该模型的更确切描述可参见我的著作 *Soccermatics: Mathematical Adventures in the Beautiful Game* (London: Bloomsbury Publishing, 2016)。

2. 每次押注会使你的资本变为原来的 1.000 3 倍（此处的 0.000 3 会随着你每次押注而增加）。如果你每天押注 100 次，持续一年，那么你在年末时的期望资本会变为 $1\,000 \times 1.000\,3^{100 \times 365} = 56\,860\,593.80$。

3. 如果某个结果出现的投注赔率乘以该结果不出现的投注赔率等于 1，那么庄家给出的赔率就是公平的。举个例子，如果热门球队获胜赔率为 3/2，那么不被看好的那一方取得平局或者胜局的赔率必须等于 2/3，因为 $\frac{3}{2} \times \frac{2}{3} = 1$。但实际上，庄家永远不会给出一个公平的赔率，因此在上面的例子中，庄家更倾向于为被看好的那一方提供 7/5 的赔率，为不被看好的那一方提供 4/7 的赔率，因为 $\frac{7}{5} \times \frac{4}{7} < 1$。在这个例子里，庄家的盈利为

$$\frac{1}{1+\frac{7}{5}} + \frac{1}{1+\frac{4}{7}} - 1 = 0.05。$$

4. 你每次押注的期望收益为 $\frac{2}{5} \times \frac{7}{5} + \frac{3}{5} \times (-1) = \frac{14}{25} - \frac{15}{25} = -\frac{1}{25}$，也就是平均来说每押注一次会输掉 4 分钱。

5. 即便失败了 5 次，你也不应该失望，如果每次面试有 1/5 的成功概率，那么你前 5 次面试都失败的概率为 $(1 - 1/5)^5 = 33\%$。

6. William Benter, 'Computer based horse race handicapping and wagering systems : a report', in Donald B. Hausch, Victor S. Y. Lo and William T. Ziemba (eds), *Efficiency of Racetrack Betting Markets* revised edn (Singapore: World Scientific Publishing Co. Pte Ltd, 2008), pp. 183–98.

7. Kit Chellel, 'The gambler who cracked the horse-racing code', *Bloomberg Businessweek*, 3 May 2018; at <https://www.bloomberg.com/news/features/2018-05-03/the-gambler-who-cracked-the-horse-racing-code>.

8. Ruth N. Bolton and Randall G. Chapman, 'Searching for positive returns at the track : a multinomial logit model for handicapping horse races', *Management Science* 32(8) (August 1986) : 1040–60.

9. David R. Cox, 'The regression analysis of binary sequences', 20(2) (1958) : 215–32.


# 第 2 章 评价公式

1. 不应把一千万分之一视为一个确切的值，据英国民航局报告《2002 年至 2011 年全球致命事故回顾》（CAP 1036，2013 年 6 月）估计，在 2002 年至 2011 年间，每一百万次飞行中，如果不考虑恐怖袭击，大约会发生 0.6 起致命事故。并非所有人都会死于灾难性的事故，而且每个国家

的统计方法不同，所以很难给出一个确切的数字。但可以明确的是在任何情况下，这个概率都是大约百万分之一。

2. 从贝叶斯定理导出该公式需要一些微积分的基础，对于测度 $\theta$（$\theta$ 可以在 0 到 1 之间任意取值）来说，贝叶斯公式可写作

$$p(\theta|D) = \frac{P(D|\theta) \cdot p(\theta)}{\int_0^1 P(D|x) \cdot p(x)\mathrm{d}x}$$

其中，函数 $p$ 被称为密度函数，分母上的积分对于所有可能的 $\theta$ 取值，起到和公式 2 中的分母类似的作用，从上面公式我们可以得到

$$P(\theta > 0.99|100\ \text{次日出}) = \frac{\int_{0.99}^1 p(100\ \text{次日出}\ |\theta) \cdot p(\theta)\mathrm{d}\theta}{\int_0^1 p(100\ \text{次日出}\ |x) \cdot p(x)\mathrm{d}x}$$

我们知道，假设每天观测到太阳升起的概率是 $\theta$，连续 100 次观测到太阳升起的概率就是 $p(100\ \text{次日出}\ |\theta) = \theta^{100}$。然后，我们设定 $p(x) = 1$，意味着在这个人到达地球之前，$x$ 的所有取值都是等可能的，这一假设是贝叶斯在描述新来的人时就包含的。把这些数值代入上面公式，得到：

$$P(\theta > 0.99|100\ \text{次日出}) = \frac{\int_{0.99}^1 \theta^{100} \cdot 1\mathrm{d}\theta}{\int_0^1 \theta^{100} \cdot 1\mathrm{d}x} = \frac{(1 - 0.99^{101})/101}{1/101} = 1 - 0.99^{101} \approx 0.638$$

3. 该结论是反直觉的，但在数学上是正确的。为了说服自己，假设 $\theta = 0.98$，并且日出的真实可能性为 98%，那么在他观测的 100 天里面每天都有日出这件事不会显得过于令人惊讶。连续 100 天日出的概率为 $0.98^{100} = 13.3\%$，虽然比较小，但还没到可以忽略的程度。同样的逻辑可以应用到 $\theta = 0.985$（$0.985^{100} = 22.1\%$）以及其他小于 0.99 的 $\theta$ 上。尽管 $\theta$ 的值很可能大于 99%（对于 $\theta = 0.99$ 的情况，连续 100 天日出的概率是 36.2%），但如果它小于 99%，连续 100 天观测到日出的可能性也是存在的。

4. David Hume, *An Enquiry Concerning Human Understanding* (London, 1748).

5. 该引用和本段的论证来自 David Owen, 'Hume *versus* Price on miracles and prior probabilities : testimony and the Bayesian calculation', *Philosophical Quarterly* 37(147) (April 1987): 187–202。

6. 此处的计算留给有兴趣的读者，记得使用脚注 2。

7. 此处的计算留给有兴趣的读者，记得使用脚注 2。

8. Martha K. Zebrowski, 'Richard Price : British Platonist of the eighteenth century ', *Journal of the History of Ideas* 55(1) (January 1994) : 17–35.

9. Richard Price, *Observations on Reversionary Payments ... To Which Are Added, Four Essays on Different Subjects in the Doctrine of Life-Annuities ... A New Edition, With a Supplement, etc.*, Vol. 2 (London :T. Cadell, 1792).

10. Geoffrey Poitras, 'Richard Price, miracles and the origins of Bayesian decision theory', *European Journal of the History of Economic Thought* 20(1) (February 2013) : 29–57.

11. Richard Price and Anne-Robert-Jacques Turgot, *Observations on the Importance of the American Revolution, and the Means of Making it a Benefit to the World* (London : T. Cadell, 1785).

12. Ian Vernon, Michael Goldstein and Richard G. Bower, 'Galaxy formation: a Bayesian uncertainty analysis', *Bayesian Analysis* 5(4) (2010) : 619–69.

13. Christine Carter, 'Is screen time toxic for teenagers?', *Greater Good Magazine*, 27 August 2018; at <https://greatergood.berkeley.edu/article/item/is_screen_time_toxic_for_teenagers>.

14. Candice L. Odgers, 'Smartphones are bad for some adolescents, not all', *Nature* 554(7693) (February 2018) : 432–4.

15. 该结果最初来自对英国青少年的研究，见 Andrew K. Przybylski and Netta Weinstein, 'A large-scale test of the Goldilocks hypothesis: quantifying the relations between digital-screen use and the mental well-being of adolescents ', *Psychological Science* 28(2) (January 2017) : 204–15。

## 第 3 章　置信公式

1. 棣莫弗在他 1738 年的著作的第 2 版中写下的正态曲线方程形式为

$$\frac{1}{\sqrt{2\pi\sigma^2}} \exp\left(-\frac{(x-\mu)^2}{2\sigma^2}\right)$$

其中 $\mu$ 为均值，$\sigma$ 为标准差。

2. 第 3 版可在谷歌图书上找到，Abraham de Moivre, *The Doctrine of Chances: Or, A Method of Calculating the Probabilities of Events in Play. The Third Edition* (London : A. Millar, 1756)。

3. 计算在五张牌中抽到两张 A 的概率需要将第一次抽到 A 的概率（4/52）乘以第二次抽到 A 的概率（3/51），然后乘以接下来三张牌不抽到 A 的概率，分别是 48/50、47/49 和 46/48。这给出了先抽到两张 A，再抽到三张非 A 的概率，但我们还需要注意，在五张牌的排列中，两张 A 有 10 种不同的可能顺序。因此，总的概率为：

$$10 \cdot \frac{4 \cdot 3 \cdot 48 \cdot 47 \cdot 46}{52 \cdot 51 \cdot 50 \cdot 49 \cdot 48} = \frac{259\,440}{6\,497\,400} = \frac{2\,162}{54\,145} = 4\%$$

4. Helen M. Walker, 'De Moivre on the law of normal probability' (2006); at <https://www.semanticscholar.org/paper/DE-MOIVRE-ON-THELAW-OF-NORMAL-PROBABILITY-Walker/d40c10d50e86f0ceed1a059d81080a3bd9b56ffd#citing-papers>.

5. 对中心极限定理历史的回顾见 Lucien Le Cam, 'The central limit theorem around 1935', *Statistical Science* 1(1) (1986) : 78–91。

6. 这里需要注意的是，为了结果适用，每次测量必须有一个有限的平均值和标准差。

7. 统计数据来源于 https://stats.nba.com/search/team-game/。

8. Richard E. Just and Quinn Weninger, 'Are crop yields normally distributed?' *American Journal of Agricultural Economics* 81(2) (May 1999) : 287–304.

9. Nate Silver, *The Signal and the Noise: The Art and Science of Prediction* (London: Allen Lane, 2012).

10. $\sigma^2 = \frac{1}{3} \cdot (0 - (-1))^2 + \frac{2}{3} \cdot (0 - \frac{1}{2})^2 = \frac{1}{3} + \frac{1}{6} = \frac{1}{2}$，因此标准差为 $\sigma = 0.71$。

11. 这些值提供的观察次数使我们能够在 97.5%（而不是 95%）的置信水平下相信我们没有犯错，$h$ 并不是实际为 0 或者更小。之所以能从 95% 的置信水平提升到 97.5% 是因为 95% 的置信区间覆盖了 $h$ 的上下界，还有 2.5% 的可能性是我们低估了优势，实际上优势可能超越了置信区间所给出的范围。但就赌博而言，低估自身优势无所谓，只有高估自己优势 2.5% 的情况才是问题所在。他们同样假设优势是正的，也就是 $h > 0$，但同样的推理也适用于负优势的情形，也就是用 $-h$ 代替 $h$。

12. 我验证了几家酒店的标准差，发现它们通常略小于 1，大约是 0.8。但假设它们为 1 是合理的。

13. Mahmood Arai, Moa Bursell and Lena Nekby, 'The reverse gender gap in ethnic discrimination : employer stereotypes of men and women with Arabic names', *International Migration Review* 50(2) (2016) : 385–412.

14. 对于外国名字响应的方差为

$$\sigma_F^2 = \frac{43}{187}\left(1 - \frac{43}{187}\right)^2 + \frac{187 - 43}{187}\left(0 - \frac{43}{187}\right)^2 = 0.177$$

但对于瑞典名字响应的方差为

$$\sigma_F^2 = \frac{79}{187}\left(1 - \frac{79}{187}\right)^2 + \frac{187 - 79}{187}\left(0 - \frac{79}{187}\right)^2 = 0.244$$

因此全方差为 $\sigma^2 = \sigma_F^2 + \sigma_S^2 = 0.177 + 0.244 = 0.421$，因此 $\sigma = 0.6488$。特别感谢罗尔夫·拉松发现了我在计算中所犯的错误。

15. Marianne Bertrand and Sendhil Mullainathan, 'Are Emily and Greg more employable than Lakisha and Jamal? A field experiment on labor market discrimination', *American Economic Review* 94(4) (September 2004): 991–1013.

16. Zinzi D. Bailey, Nancy Krieger, Madina Agénor, Jasmine Graves, Natalia Linos and Mary T. Bassett, 'Structural racism and health inequities in the USA: evidence and interventions', *The Lancet* 389(10077) (April 2017): 1453–63.

17. 这是一条我认为有用但需要一些数学证明的经验法则，在这个例子中，该种群作为一个整体有 $p$ 的可能性成为某种特定类型（比如说白人），那么方差会在 $p = \frac{1}{2}$ 的时候达到最大，因此对于所有其他情况，方差会比 $\frac{1}{2}\left(1 - \frac{1}{2}\right) = \frac{1}{4}$ 要小，因此标准差会小于 $\frac{1}{2}$。将 1.96 近似认为是 2，可得到样本比例区间 $p^*$ 为 $1.96 \cdot \frac{1}{2\sqrt{n}} \approx \frac{1}{\sqrt{n}}$，也就得到了经验法则。

18. 这在 Karl Pearson, 'Historical note on the origin of the Normal Curve of Errors', *Biometrika* 16(3–4) (December 1924): 402–4 中有所讨论。

19. Tukufu Zuberi and Eduardo Bonilla-Silva (eds), *White Logic, White Methods: Racism and Methodology* (Lanham, MD: Rowman & Littlefield Publishers, 2008).

20. John Staddon, 'The devolution of social science', *Quillette*, 7 October 2018; at <https://quillette.com/2018/10/07/the-devolution-of-social-science/>.

21. Jordan B. Peterson, *12 Rules for Life: An Antidote to Chaos* (Toronto, ON: Penguin Random House Canada, 2018).

22. 一个例子可见 2018 年 11 月的斯堪的纳维亚的电视访谈节目 *Skavlan*。

23. Katrin Auspurg, Thomas Hinz and Carsten Sauer, 'Why should women get less? Evidence on the gender pay gap from multifactorial survey experiments', *American Sociological Review* 82(1) (2017): 179–210.

24. Corinne A. Moss-Racusin, John F. Dovidio, Victoria L. Brescoll, Mark J. Graham and Jo Handelsman, 'Science faculty's subtle gender biases favor male students', *Proceedings of the National Academy of Sciences* 109(41) (October 2012): 16474–9.

25. Eric P. Bettinger and Bridget Terry Long, 'Do faculty serve as role models? The impact of instructor gender on female students', *American Economic Review* 95(2) (May 2005) : 152–7.

26. Allison Master, Sapna Cheryan and Andrew N. Meltzoff, 'Computing whether she belongs: stereotypes undermine girls' interest and sense of belonging in computer science', *Journal of Educational Psychology* 108(3) (April 2016): 424–37.

27. John A. Ross, Garth Scott and Catherine D. Bruce, 'The gender confidence gap in fractions knowledge : gender differences in student belief–achievement relationships', *School Science and Mathematics* 112(5) (May 2012) : 278–88.

28. Emily T. Amanatullah and Michael W. Morris, 'Negotiating gender roles: gender differences in assertive negotiating are mediated by women's fear of backlash and attenuated when negotiating on behalf of others', *Journal of Personality and Social Psychology* 98(2) (February 2010) : 256–67.

29. 要想了解数学与工程学领域该方面问题的综述，可参考Sapna Cheryan, Sianna A. Ziegler, Amanda K. Montoya and Lily Jiang, 'Why are some STEM fields more gender balanced than others?', *Psychological Bulletin* 143(1) (January 2017): 1–35 和Stephen J. Ceci, Donna K. Ginther, Shulamit Kahn and Wendy M. Williams, 'Women in academic science: a changing landscape', *Psychological Science in the Public Interest* 15(3) (November 2014): 75–141。

30. 文字记录来自Conor Friedersdorf, 'Why can't people hear what Jordan Peterson is saying?', *The Atlantic*, 22 January 2018; at<https://www.theatlantic.com/politics/archive/2018/01/putting-monsterpaintonjordan-peterson/550859/>。

31. 对该方法论一个不错的学术简介可见Peter Hedström and Peter Bearman (eds), *The Oxford Handbook of Analytical Sociology* (Oxford : Oxford

University Press, 2011)。

32. Joseph C. Rode, Marne L. Arthaud-Day, Christine H. Mooney, Janet P. Near and Timothy T. Baldwin, 'Ability and personality predictors of salary, perceived job success, and perceived career success in the initial career stage', *International Journal of Selection and Assessment* 16(3) (September 2008) : 292–9.

33. 如果你固执地坚持正确概率为 63% 的信息，忽略另外 37% 的可能性，那没问题，但你必须在方法上保持一致。当你和简和杰克交谈时，你需要跳回本书的前一章，应用评价公式。你应该初始化你的模型 $M$ 为"简比杰克更平易近人"，并且设置 $P(M) = 63\%$，然后走进房间面带微笑与简和杰克交谈，即便是简单的眼神接触和几句言语交流就足以给你关于他们是否平易近人的印象，现在你可以更新 $P(M|D)$ 并做出一个更好的判断，最原始的 $P(M)$ 很快就不太相关了。

34. 见 2018 年 11 月的斯堪的纳维亚的电视访谈节目 *Skavlan*。

35. 这些引文来自彼得森自己写于 2019 年 2 月的博文：'The gender scandal: part one (Scandinavia) and part two (Canada)'; at<https://www.jordanbpeterson.com/political-correctness/thegender-scandal-part-one-scandinavia-and-part-two-canada/>。

36. Janet Shibley Hyde, 'The gender similarities hypothesis', *American Psychologist* 60(6) (September 2005) : 581–92.

37. Ethan Zell, Zlatan Krizan and Sabrina R. Teeter, 'Evaluating gender similarities and differences using metasynthesis', *American Psychologist* 70(1) (January 2015) : 10–20.

38. Janet Shibley Hyde, 'Gender similarities and differences', *Annual Review of Psychology* 65 (January 2014) : 373–98.

39. Gina Rippon, *The Gendered Brain: The New Neuroscience that Shatters the Myth of the Female Brain* (London : Bodley Head, 2019).

## 第 4 章　技能公式

1. 你可以在这里看艾耶尔自己讲这个故事：'A. J. Ayer on Logical Positivism and its legacy' (1976); at <https://www.youtube.com/watch?v=nG0EWNezFl4>。

2. Kevin Reichard, 'Measuring MLB 's winners and losers in costs per win', *Ballpark Digest*, 8 October 2013; at <https://ballparkdigest.com/201310086690/major-league-baseball/news/measu ring-mlbs-winnerand-losers-in-costs-per-win>.

3. George R. Lindsey, 'An investigation of strategies in baseball', *Operations Research* 11(4) (July–August 1963) : 477–501.

4. Bruce Schoenfeld, 'How data (and some breathtaking soccer) brought Liverpool to the cusp of glory', *New York Times Magazine*, 22 May 2019; at <https://www.nytimes.com/2019/05/22/ magazine/soccer-dataliverpool.html>.

## 第 5 章　影响力公式

1. 我使用的城市大小定义来自联合国，见 *The World's Cities in 2018—Data Booklet* (ST/ESA/SER.A/417), United Nations, Department of Economic and Social Affairs, Population Division (2018)。

2. 矩阵相乘过程如下：

$$\begin{pmatrix} 0 & 1/2 & 0 & 0 & 0 \\ 1/2 & 0 & 1/3 & 1/3 & 1/3 \\ 1/2 & 1/2 & 0 & 1/3 & 1/3 \\ 0 & 0 & 1/3 & 0 & 1/3 \\ 0 & 0 & 1/3 & 1/3 & 0 \end{pmatrix} \cdot \begin{pmatrix} 1 \\ 0 \\ 0 \\ 0 \\ 0 \end{pmatrix} = \begin{pmatrix} 0 \cdot 1 + 1/2 \cdot 0 + 0 \cdot 0 + 0 \cdot 0 + 0 \cdot 0 \\ 1/2 \cdot 1 + 0 \cdot 0 + 1/3 \cdot 0 + 1/3 \cdot 0 + 1/3 \cdot 0 \\ 1/2 \cdot 1 + 1/2 \cdot 0 + 0 \cdot 0 + 1/3 \cdot 0 + 1/3 \cdot 0 \\ 0 \cdot 1 + 0 \cdot 0 + 1/3 \cdot 0 + 0 \cdot 0 + 1/3 \cdot 0 \\ 0 \cdot 1 + 0 \cdot 0 + 1/3 \cdot 0 + 1/3 \cdot 0 + 0 \cdot 0 \end{pmatrix} = \begin{pmatrix} 0 \\ 1/2 \\ 1/2 \\ 0 \\ 0 \end{pmatrix}$$

其他矩阵乘法也是以相似的方式进行的，矩阵每一行中的每一项分别乘以列向量对应的每一项，再将这些数求和得到新向量的相应项。

3. 如果想从更加学术的角度了解这一领域，我推荐 Mark Newman, *Networks*, 2nd edition (Oxford: Oxford University Press, 2018)。

4. Scott L. Feld, 'Why your friends have more friends than you do', *American Journal of Sociology* 96(6) (1991) : 1464–77.

5. 接下来我将会给出这个结论的更严格证明。记 $P(X_i = k)$ 为个体 $i$ 有 $k$ 个关注者的概率,现在随机选择一个个体 $j$,再从 $j$ 关注的人里面随机选取一个个体 $i$,个体 $i$ 有 $X_i$ 个关注者的概率可被写为 $P(X_i = k | j$ 关注 $i)$,根据贝叶斯公式可得到:

$$P(X_i = k | j\ \text{关注}\ i) = \frac{P(j\ \text{关注}\ i \mid X_i = k) \cdot P(X_i = k)}{\sum_{k'} P(j\ \text{关注}\ i \mid X_i = k') \cdot P(X_i = k')}$$

已知条件为 $P(j$ 关注 $i | X_i = k) = k/N$,其中 $N$ 为图中的总边数,因此有

$$P(X_i = k | j\ \text{关注}\ i) = \frac{k/N \cdot P(X_i = k)}{\sum_{k'} k'/N \cdot P(X_i = k')} = \frac{k \cdot P(X_i = k)}{\sum_{k'} k' \cdot P(X_i = k')} = \frac{k \cdot P(X_i = k)}{E[X_i]}$$

因此,当 $k > E[X_i]$ 的时候 $P(X_i = k | j$ 关注 $i) > P(X_i = k)$,类似,$k < E[X_i]$ 的时候 $P(X_i = k | j$ 关注 $i) < P(X_i = k)$。这就意味着被随机挑选的人关注的人可能拥有比其他随机挑选的人更多的粉丝。

为了证明平均来说,随机挑选的人的粉丝比他们所关注的更少,我们计算被 $j$ 关注的所有人的粉丝的期望数量,可以得到

$$E[X_i = k | j\ \text{关注}\ i] = \sum_k k \cdot P(X_i = k | j\ \text{关注}\ i) = \sum_k \frac{k^2 \cdot P(X_i = k)}{E[X_i]} = \sum_k \frac{E[X_i]^2 + Var[X_i]}{E[X_i]}$$

因此,

$$E[X_i = k | j\ \text{关注}\ i] = E[X_i] + \frac{Var[X_i]}{E[X_i]} > E[X_i]$$

由于 $E[X_i] = E[X_j]$ 对于社交网络中的所有个体来说是相同的,因此 $j$ 的关注者的期望数量是小于 $i$ 的(在给定 $j$ 关注了 $i$ 这一条件之下)。

6. Nathan O. Hodas, Farshad Kooti and Kristina Lerman, 'Friendship paradox redux: your friends are more interesting than you', in *Proceedings of the Seventh International AAAI Conference on Weblogs and Social Media*, 2013.

7. 这篇文章现在被发表在这里：Michaela Norrman and Lina Hahlin, 'Hur tänker Instagram? En statistisk analys av tva Instagramflöden' [How does Instagram think？A statistical analysis of two Instagram accounts] (undergraduate dissertation), Mathematics department, University of Uppsala, 2019; retrieved from <http://urn.kb.se/resolve?urn=urn:nbn:se:uu:diva-388141>。

8. Amanda Törner, 'Anitha Schulman: " Instagram gar mot en beklaglig framtid " ' [Instagram is heading towards an unfortunate future], Dagens Media, 5 March 2018；at <https://www.dagensmedia.se/medier/anithaschulman-instagram-gar-mot-en-beklaglig-framtid-6902124>.（安尼塔·舒尔曼婚后改姓为克莱门斯。）

9. Kelley Cotter, 'Playing the visibility game : how digital influencers and algorithms negotiate influence on Instagram', *New Media & Society* 21(4) (April 2019) : 895–913.

10. Lawrence Page, 'Method for node ranking in a linked database', US Patent 6,285,999 B1, issued 4 September 2001; at <https://patentimages.storage.googleapis.com/37/a9/18/d7c46ea42 c4b05/US6285999.pdf>.

# 第6章　市场公式

1. 例见 Jean-Philippe Bouchaud, 'Power laws in economics and finance : some ideas from physics', *Quantitative Finance* 1(1) (September 2000) : 105–12；Rosario N. Mantegna and H. Eugene Stanley, 'Turbulence and financial markets', *Nature* 383(6601) (October 1996) : 587。

2. 注意到 $\sqrt{n} = n^{1/2}$，因此在 $n > 1$ 的时候 $n^{2/3}$ 会比 $n^{1/2}$ 大。

3. Nassim Nicholas Taleb, *Fooled by Randomness : The Hidden Role of Chance in Life and in the Markets* (London : Random House, 2005)；Nassim Nicholas Taleb, *The Black Swan : The Impact of the Highly Improbable* (London : Allen Lane, 2007)；Robert J. Shiller, *Irrational Exuberance*, revised and

expanded third edition (Princeton, NJ : Princeton University Press, 2015).

4. David M. Cutler, James M. Poterba and Lawrence H. Summers, 'What moves stock prices?', NBER Working Paper No. 2538, National Bureau of Economic Research, March 1988.

5. Paul C. Tetlock, 'Giving content to investor sentiment: the role of media in the stock market', *Journal of Finance* 62(3) (2007) : 1139–68.

6. Werner Antweiler and Murray Z. Frank, 'Is all that talk just noise? The information content of Internet stock message boards', *Journal of Finance* 59(3) (2004) : 1259–94.

7. John Detrixhe, 'Don 't kid yourself – nobody knows what really triggered the market meltdown', *Quartz*, 13 February 2018; at <https://qz.com/1205782/nobody-really-knows-why-stock-markets-went-haywirelast-week/>.

8. 他在如下文章中发表了自己的观点：Greg Laughlin, 'Insights into high frequency trading from the Virtu initial public offering', paper published online 2015 ; at <https://online.wsj.com/public/resources/documents/VirtuOverview.pdf> ; see also Bradley Hope, 'Virtu 's losing day was 1-in-1,238 : odds say it shouldn't have happened at all ', *Wall Street Journal*, 13 November 2014 ; at <https://blogs.wsj.com/moneybeat/2014/11/13/virtus-losing-day-was-1-in-1238-odds-says-it-shouldnt-havehappened-at-all/>。

9. Sam Mamudi, 'Virtu touting near-perfect record of profits backfired, CEO says', *Bloomberg News*, 4 June 2014; at <http://www.bloomberg.com/news/2014-06-04/virtu-touting-near-perfect-record-of-profits-backfiredceo-says.html>.

10. 444 000/0.002 7 = 164 444 444。

11. 为保护个人隐私，这里使用的是假名。

12. Paul Krugman, 'Three Expensive Milliseconds', *New York Times*, 13 April 2014; at <https://www.nytimes.com/2014/04/14/opinion/krugmanthree-expensive-milliseconds.html>.

# 第7章 广告公式

1. 欲了解更多细节，参见 https://medium.com/me/stats/post/2904fa0571bd。

2. Snapchat Marketing, 'The 17 types of Snapchat users', 7 June 2016; at <http://www.snapchatmarketing.co/types-of-snapchat-users/>.

3. Noah A. Rosenberg, Jonathan K. Pritchard, James L. Weber, Howard M. Cann, Kenneth K. Kidd, Lev A. Zhivotovsky and Marcus W. Feldman, 'Genetic structure of human populations', *Science* 298(5602) (December 2002) : 2381–5.

4. Shepherd Laughlin, 'Gen Z goes beyond gender binaries in new Innovation Group data', *J. Walter Thompson Intelligence*, 11 March 2016 ; at<https://www.jwtintelligence.com/2016/03/gen-z-goes-beyond-genderbinaries-in-new-innovation-group-data/>.

5. 例见 Ronald Inglehart and Wayne E. Baker, 'Modernization, cultural change, and the persistence of traditional values', *American Sociological Review* 65(1) (February 2000) : 19–51。

6. Ronald Inglehart and Christian Welzel, *Modernization, Cultural Change, and Democracy : The Human Development Sequence* (Cambridge: Cambridge University Press, 2005).

7. Michele Dillon, 'Asynchrony in attitudes toward abortion and gay rights: the challenge to values alignment', *Journal for the Scientific Study of Religion* 53(1) (March 2014) : 1–16.

8. Anja Lambrecht and Catherine E. Tucker, 'On storks and babies : correlation, causality and field experiments', *GfK Marketing Intelligence Review* 8(2) (November 2016) : 24–9.

9. David Sumpter, *Outnumbered : From Facebook and Google to Fake News and Filter-Bubbles-The Algorithms that Control Our Lives* (London : Bloomsbury Publishing, 2018).

10. Cathy O'Neil, *Weapons of Math Destruction : How Big Data Increases*

*Inequality and Threatens Democracy* (New York : Crown Publishing Group, 2016).

11. Carole Cadwalladr, 'Google, democracy and the truth about internet search', *The Guardian*, 4 December 2016 ; at <https://www.theguardian.com/technology/2016/dec/04/google-democracy-truth-internet-searchfacebook>.

12. Aylin Caliskan, Joanna J. Bryson and Arvind Narayanan, 'Semantics derived automatically from language corpora contain human-like biases', *Science* 356(6334) (2017) : 183–6.

13. Julia Angwin, Ariana Tobin and Madeleine Varner, 'Facebook (still) letting housing advertisers exclude users by race', *ProPublica*, 21 November 2017 ; at <https://www.propublica.org/article/facebook-advertisingdiscrimination-housing-race-sex-national-origin>.

14. Anja Lambrecht, Catherine Tucker and Caroline Wiertz, 'Advertising to early trend propagators: evidence from Twitter', *Marketing Science* 37(2) (March 2018) : 177–99.

# 第 8 章　奖励公式

1. Herbert Robbins and Sutton Monro, 'A stochastic approximation method', *Annals of Mathematical Statistics* 22(3) (September 1951): 400–407.

2. 完整计算如下：

$$Q_{10} = 0.9 \cdot 1.000 + 0.1 \cdot 0 = 0.900$$
$$Q_{11} = 0.9 \cdot 0.900 + 0.1 \cdot 1 = 0.910$$
$$Q_{12} = 0.9 \cdot 0.910 + 0.1 \cdot 1 = 0.919$$
$$Q_{13} = 0.9 \cdot 0.919 + 0.1 \cdot 0 = 0.827$$
$$Q_{14} = 0.9 \cdot 0.827 + 0.1 \cdot 0 = 0.744$$
$$Q_{15} = 0.9 \cdot 0.744 + 0.1 \cdot 1 = 0.770$$
$$Q_{16} = 0.9 \cdot 0.770 + 0.1 \cdot 0 = 0.693$$

$$Q_{17} = 0.9 \cdot 0.693 + 0.1 \cdot 1 = 0.724$$

3. Wolfram Schultz, 'Predictive reward signal of dopamine neurons', *Journal of Neurophysiology* 80(1) (July 1998) : 1–27.

4. 关于多巴胺神经元与数学模型之间关系的更详细综述，见Yael Niv, 'Reinforcement learning in the brain', *Journal of Mathematical Psychology* 53(3) (June 2009): 139–54。

5. Andrew K. Przybylski, C. Scott Rigby and Richard M. Ryan, 'A motivational model of video game engagement', *Review of General Psychology* 14(2) (June 2010) : 154–66.

6. 埃米莉·柯林斯对关于小游戏和正念应用程序的研究的讲述见 <https://www.eurekalert.org/multimedia/pub/207686.php>。

7. Rudolf Emil Kálmán, 'A new approach to linear filtering and prediction problems', *Journal of Basic Engineering* 82(1) (1960) : 35–45.

8. François Auger, Mickael Hilairet, Josep M. Guerrero, Eric Monmasson, Teresa Orlowska-Kowalska and Seiichiro Katsura, 'Industrial applications of the Kálmán filter : a review', *IEEE Transactions on Industrial Electronics* 60(12) (December 2013) : 5458–71.

9. Irmgard Flügge-Lotz, C. F. Taylor and H. E. Lindberg, *Investigation of a Nonlinear Control System*, Report 1391 for the National Advisory Committee for Aeronautics (Washington DC : US Government Printing Office, 1958).

10. 该领域最有影响力的研究者是让–路易·德纳堡（Jean-Louis Deneubourg），也是他用数学表示出了这一模型。想了解这段历史，可以参考Simon Goss, Serge Aron, Jean-Louis Deneubourg and Jacques Marie Pasteels, 'Self-organized shortcuts in the Argentine ant', *Naturwissenschaften* 76(12) (1989): 579–81。

11. 我们对于其他追踪变量也可以得到类似的公式，形式如下，也可用来追踪备择选项：

$$Q'_{t+1} = (1-\alpha)\,Q'_t + \alpha\left(\frac{(Q'_t + \beta)^2}{(Q_t + \beta)^2 + (Q'_t + \beta)^2}\right)R'_t$$

12. 例 见 Malcolm Gladwell, *The Tipping Point : How Little Things Can Make a Big Difference* (Boston, MA : Little, Brown, 2000) 和 Philip Ball, *Critical Mass : How One Thing Leads to Another*(London : Heinemann, 2004)。

13. Audrey Dussutour, Stamatios C. Nicolis, Grace Shephard, Madeleine Beekman and David J. T. Sumpter, ' The role of multiple pheromones in food recruitment by ants ', *Journal of Experimental Biology* 212(15) (August 2009) : 2337–48.

14. Tristan Harris, 'How technology is hijacking your mind – from a magician and Google design ethicist', Medium, 18 May 2016 ; at <https://medium.com/thrive-global/how-technology-hijacks-peoples-minds-from-amagician-and-google-s-design-ethicist-56d62ef5edf3>.

15. John R. Krebs, Alejandro Kacelnik and Peter D. Taylor, 'Test of optimal sampling by foraging great tits', *Nature* 275(5675) (September 1978): 27–31.

16. Brian D. Loader, Ariadne Vromen and Michael A. Xenos, 'The networked young citizen : social media, political participation and civic engagement', *Information, Communication & Society* 17(2) (January 2014) : 143–50.

17. Anna Dornhaus has studied this extensively. One example is D. Charbonneau, N. Hillis and Anna Dornhaus, ' "Lazy" in nature : ant colony time budgets show high "inactivity" in the field as well as in the lab', *Insectes Sociaux* 62(1) (February 2014) : 31–5.

# 第 9 章 学习公式

1. Paul Covington, Jay Adams and Emre Sargin, 'Deep neural networks for

YouTube recommendations', conference paper, *Proceedings of the 10th ACM Conference on Recommender Systems*, September 2016, pp. 191–8.

2. Celie O'Neil-Hart and Howard Blumenstein, 'The latest video trends: where your audience is watching', Google, *Video, Consumer Insights*; at <https://www.thinkwithgoogle.com/consumer-insights/video-trends-whereaudience-watching/>.

3. Chris Stokel-Walker, 'Algorithms won't fix what's wrong with YouTube', *New York Times*, 14 June 2019; at <https://www.nytimes.com/2019/06/14/opinion/youtube-algorithm.html>.

4. K. G. Orphanides, 'Children's YouTube is still churning out blood, suicide and cannibalism', *Wired*, 23 March 2018; at <https://www.wired.co.uk/article/youtube-for-kids-videos-problems-algorithm-recommend>.

5. Max Fisher and Amanda Taub, 'On YouTube's digital playground, an open gate for pedophiles', *New York Times*, 3 June 2019; at <https://www.nytimes.com/2019/06/03/ world/americas/youtube-pedophiles.html?module=inline>.

6. David Silver, Aja Huang, Chris J. Maddison, Arthur Guez, Laurent Sifre, George van den Driessche, Julian Schrittwieser et al., 'Mastering the game of Go with deep neural networks and tree search', *Nature* 529 (7587) (January 2016) : 484–9.

7. 另一条公式被称为Softmax，与公式 1 非常相似，但在某些情况下更易处理。大部分情况下，Softmax 和公式 1 可以互换使用。

8. Volodymyr Mnih, Koray Kavukcuoglu, David Silver, Andrei A. Rusu, Joel Veness, Marc G. Bellemare, Alex Graves et al., 'Human-level control through deep reinforcement learning', *Nature* 518(7540) (February 2015): 529–33.

9. Tomáš Mikolov, Martin Karafiát, Lukáš Burget, Jan Černocký and Sanjeev Khudanpur, 'Recurrent neural network based language model', conference paper, *Interspeech 2010*, Eleventh Annual Conference of the International Speech Communication Association, Japan, September 2010.

## 第 10 章　万能公式

1. Thomas J. Misa and Philip L. Frana, 'An interview with Edsger W. Dijkstra ', *Communications of the ACM* 53(8) (2010) : 41–7.

2. 见以下这本绝赞的教科书：Thomas H. Cormen, Charles E. Leiserson, Ronald L. Rivest and Clifford Stein, *Introduction to Algorithms*, third edition (Cambridge, MA : MIT Press, 2009)。

3. Po-Shen Loh, *The Most Beautiful Equation in Math*, video, Carnegie Mellon University, March 2016; at <https://www.youtube.com/watch?v=IUTGFQpKaPU>.

4. 前提是这个三角形在欧几里得几何中。

5. Ben Rogers, *A. J. Ayer : A Life* (London : Chatto and Windus, 1999).

6. Philippa Foot, 'The problem of abortion and the doctrine of double effect', *Oxford Review* 5 (1967) : 5–15.

7. Henrik Ahlenius and Torbjörn Tännsjö, 'Chinese and Westerners respond differently to the trolley dilemmas', *Journal of Cognition and Culture* 12(3–4) (January 2012) : 195–201.

8. John Mikhail, 'Universal moral grammar: theory, evidence and the future', *Trends in Cognitive Sciences* 11(4) (April 2007) : 143–52.

9. Judith Jarvis Thomson, 'Killing, letting die, and the trolley problem', *The Monist* 59(2) (1976) : 204–17. The text describing the trolley problem used in the main text is taken from this article.

10. 想了解更多有关电车难题和道德直觉方面的知识，见Laura D'Olimpio的文章 'The trolley dilemma: would you kill one person to save five?', *The Conversation*, 3 June 2016; at <https://theconversation.com/the-trolley-dilemma-wouldyou-kill-one-person-to-save-five-57111>。

11. 在第 3 章和第 5 章中，为了让拜十会的历史看起来真实发生过，我没有解释清楚为什么理查德·普莱斯关于奇迹的论点是错误的。反对奇迹（例如耶稣复活）的科学证据来自对生物学的基本理解，而不仅仅是没有人再像 2 000 年前的耶稣那样复活。我们应该认为普莱斯的贡献是加强了我们对待证据的思考方式，而不仅仅是证明复活可能发生过。他的论证提供了一个真实而重要的日常教训：过去从没发生过的小概率事件不一定将来不会发生。不过，他的论证经不起结合数据和模型的科学分析，耶稣的复活只能用他没有死或被谣传来解释。

12. Viktoria Spaiser, Peter Hedström, Shyam Ranganathan, Kim Jansson, Monica K. Nordvik and David J. T. Sumpter, 'Identifying complex dynamics in social systems: a new methodological approach applied to study school segregation', *Sociological Methods & Research* 47(2) (March 2018): 103–35.

13. 安妮的计算是以下报告的一部分：'UK's carbon footprint 1997–2016: annual carbon dioxide emissions relating to UK consumption', 13 December 2012, Department for Environment, Food & Rural Affairs; at <https://www.gov.uk/government/statistics/uks-carbon-footprint>。

致
谢

这本书其实是源于海伦·孔福德对我提出的挑战，她劝我不要再为别人当写手，应该记录下我真正想说的东西。当时我觉得自己没那么有趣，她告诉我这一点该由她来决定，所以我照她说的做了。

我仍然不知道自己有没有那么有趣，但是我能确定的是她和卡西安娜·约尼塔帮我表达出了我真正想说的东西，而且还挺有趣的。这主要归功于卡西安娜，她对语言的敏感和对我的严格要求让这本书变成了现在的样子，谢谢！

我从我超棒的经纪人克里斯·韦尔比洛夫那里学到了很多有关写作和构思的点子，他还发现了一些数学上的不严谨之处。当我写作的时候，我经常觉得卡西安娜、克里斯和海伦在我的大脑里争辩，这种感觉难以描述，感谢那些并没有实际进行过的讨论。

感谢简·罗伯逊的精心编辑，感谢鲍里斯·格拉诺夫斯基检查了数学部分，也感谢露丝·彼得罗尼与她在企鹅出版公司的团队统筹了这一切。

非常感谢罗尔夫·拉松的仔细阅读，并发现了一个"严重错误"和几个小错误。也感谢奥利弗·约翰逊的认真反馈和对图2–1的建议。

当我被生活琐事和各类活动包围的时候，我的写作效率反而最高。因此，感谢哈马比足球俱乐部、乌普萨拉大学数学系、我的女儿埃莉斯、我的儿子亨利和我的朋友们，尤其是佩林一家，他们去年给我提供了优越的写作环境。

感谢我的父亲让我接触到A. J. 艾耶尔。对我母亲，我要说声抱歉，关于您的内容被删减了，但是我写的关于您的一切都是真心的：您是我们所有人的灵感源泉。也感谢你们面面俱到的评论。

最重要的是，我要感谢洛维萨，有时候我真正想表达的是我们的生活、讨论、共识和争论，即便这本书只记录下了其中一小部分，我也心满意足了。